低碳出行导向下的深圳市城中村改造

于 乐 著

人民交通出版社
北 京

内 容 提 要

超大特大城市的发展正在由“增量扩张”转为“存量更新”。城中村改造的逐步推进，不仅是改善民生、扩大内需的需要，也将是推动城市高质量发展、打造新一轮城市竞争力的关键。交通问题作为城中村发展面临的重要挑战之一，严重影响了居民的生活质量和城市的整体交通状况。因此，城中村改造亟待推进交通优化先行。利用城中村改造契机优化建成环境，可以有效地引导城中村居民选择低碳出行模式，提高居民出行效率和生活质量，同时也有利于城市的整体交通规划和发展。本书以深圳市为例，从交通出行结构优化角度为现阶段城中村改造提供有针对性的整治提升方案，探索城中村改造与低碳交通协同发展路径。

本书可供高等院校交通规划、城市规划、社会学专业师生，以及城市规划与管理部门、城市规划和交通规划设计机构从业人员学习与参考。

图书在版编目（CIP）数据

低碳出行导向下的深圳市城中村改造 / 于乐著. —北京：人民交通出版社股份有限公司，2024.3

ISBN 978-7-114-19446-7

Ⅰ.①低… Ⅱ.①于… Ⅲ.①居住区—旧城改造—城市规划—深圳 Ⅳ.①TU984.265.3

中国国家版本馆 CIP 数据核字（2024）第 051443 号

Ditan Chuxing Daoxiang xia de Shenzhen Shi Chengzhongcun Gaizao

书　　名： 低碳出行导向下的深圳市城中村改造
著 作 者： 于　乐
责任编辑： 郭晓旭
责任校对： 赵媛媛　龙　雪
责任印制： 刘高彤
出版发行： 人民交通出版社
地　　址：（100011）北京市朝阳区安定门外外馆斜街 3 号
网　　址： http://www.ccpcl.com.cn
销售电话：（010）59757973
总 经 销： 人民交通出版社发行部
经　　销： 各地新华书店
印　　刷： 北京科印技术咨询服务有限公司数码印刷分部
开　　本： 787×1092　1/16
印　　张： 11.25
字　　数： 149 千
版　　次： 2024 年 3 月　第 1 版
印　　次： 2024 年 3 月　第 1 次印刷
书　　号： ISBN 978-7-114-19446-7
定　　价： 58.00 元

前 言

城中村是在工业化、城镇化快速发展进程中形成的，被称为“都市里的村庄”，兼具农村和城市的双重特征，是城市化发展过程中的历史产物。城中村普遍存在公共卫生安全风险大、房屋安全和消防安全隐患多、配套设施落后、环境脏乱差、社会治理难等突出问题，需要实施改造。2023 年以来，城中村改造备受关注。2023 年 4 月 28 日召开的中共中央政治局会议提出“在超大特大城市积极稳步推进城中村改造”的要求；同年 7 月，国务院办公厅印发《关于在超大特大城市积极稳步推进城中村改造的指导意见》。作为超大城市之一，深圳市在 2023 年启动了城中村保障性住房规模化品质化改造提升行动，计划在 2023 年推进 4.9 万套（间）城中村规模化品质化改造提升项目。

城中村一直是许多新市民、青年人以及外来人口选择的居住地，但与此同时城中村又是发展薄弱、公共服务较为落后的区域。在超大特大城市推动城中村改造，能够将供给侧结构性改革和需求侧管理对接起来，解决城市发展不平衡不充分的矛盾。在改造的方向上，新时期的城中村改造绝对不是大拆大建，而是以保留利用为主，根据实体经济和居民企业的需求，部分改变功能。同时需要加强“城市体检”，找出最迫切需要改造的地方。其中，交通问题作为城中村发展面临的重要挑战之一，严重影响了居民的生活质量和城市的整体交通状况。

因此，城中村的交通优化具有重要的现实意义和紧迫性。利用城中村改造过程中建成环境优化的契机，开展城中村建成环境对出行行为的影响研究，可以推进城中村改造与交通规划有机结合，并且更好地满足城中村居民的出行需求，以及为城中村综合整治提供合理化交通设施改善方案。

本书将城中村居民出行行为作为研究对象，在综合整治更新背景下对城中村建成环境对交通出行行为的影响开展研究。本书形成“特征分析–关系建模–机理剖析–政策建议”的分析框架，从交通出行结构优化角度为现阶段城中村综合整治策略提供有针对性的改造方案，为城中村改造和交通规划政策制订的有机融合提供决策支持。基于以上背景，本书重点做了以下四个方面的工作：

（1）聚焦城中村及其改造特点，分析城中村建成环境对出行行为关系的影响机理。从地理区位、空间形态、交通条件等方面分析城中村的物质空间特征。通过收集土地利用数据、建筑普查数据及路网数据，从邻里尺度解析城中村建成环境的空间密度、多样性、城市设计、目的地可达性以及公交设施邻近度等要素，比较分析城中村建成环境指标特征及演进规律；利用居民出行调查数据，分析城中村居民的出行率、出行距离、出行目的和出行方式等出行特征及变化趋势，并与商品房小区的出行特征进行对比分析。基于交通行为学的基本理论，剖析各出行特征间的内在联系，探索建成环境变化与出行行为改变的微观内在作用机理。

（2）从非集计层面建立城中村建成环境与居民出行方式选择行为的结构方程-离散选择（SEM-Logit）分析模型，对建成环境影响因素进行研究。通过构建包含中介作用的 SEM-Logit 整合模型，描述出行行为不同要素之间的复杂关系，将个人家庭社会经济属性融入城中村建成环境对出行方式选择的影响分析过程中，全面建立建成环境对出行选择的分析框架；将小汽车拥有和出行距离作为中介变量，采用极大似然估计法进行模型参数估计，揭示城中村建成环境对出行选择行为的直接效应、间接效应和总效应，解析城中村改造中的重点建成环境要素以及特殊性，为城中村改造中低碳出行方式的引导提供科学依据。

（3）从居住自选择效应角度，解析城中村居住地选择和出行行为联合决策中的关键建成环境变量，以及建成环境的"净"影响。构建含居住选择偏好和出行偏好潜变量的城中村居民出行行为与居住地选择的联合决策分析模型，从潜变量的构造、结果变量相互影响的非递归性设计以及结果变量数据异构问题三个方面入手，建立非递归异构数据通用模型；解析影响出行行为决策与居住地选择联合决策的关键要素，以及二者的相互影响机制；通过测度潜变量表征的居住自选择效应，解析城中村建成环境对居民小汽车拥有和出行方式选择的"净"影响；为建成环境-出行行为的居住自选择效应研究体系提供知识补充，并从居住与出行联合决策角度揭示城中村人口高度流动性在"建成环境-出行行为"关系研究中的关键作用。

（4）从空间集计层面为低碳出行导向的城中村改造时序引导提供决策依据。通过分析城中村更新单元的空间依赖性和空间尺度效应的复合效应，以城中村公交出行需求为研究对象，建立空间分层复合效应分析模型，解析建成环境变量对公交出行空间竞争效应与空间溢出效应，在时间和资金有限的情况下，优先调整有空间溢出效应的建成环境变量；解析受空间复合效应影响后，各城中村更新单元的公交出行比例如何变化，并在此基础上为城中村改造时序引导提供决策依据；从精细化改善城中村建成环境要素、鼓励个体低碳出行方式选择、城中村改造与轨道交通协调发展、低碳出行导向和动态规划理念指导城中村更新时序控制等方面，为深圳市城中村改造策略提供科学建议。

本书完善了建成环境与出行行为关系研究领域的研究，并在实践层面对基于交通出行结构优化的城中村改造方案进行了补充，将理论创新成果与城中村改造实际需求深度融合。本书期望通过分析城中村建成环境对出行特征影响机理，让我国城市更新决策者和交通规划者更多关注城中村建成环境对引导低碳出行行为的重要作用，及时把握优化城市结构和交通出行结构的契机。

本书受到深圳技术大学学术著作出版基金的资助。同时，在写作过程中，哈尔滨工业大学谢秉磊教授提出了许多建设性意见，刘博宇博士、李晓丹博士和吴大壮博士也给予了许多技术性帮助，在此一并深表谢意！

由于笔者水平所限，书中不足之处在所难免，敬请读者批评指正。

于　乐

2023 年 12 月 18 日

目录

第1章

绪论

1.1 研究背景

随着城市建设规模的不断扩张，城市居民活动范围逐渐扩大，机动化出行需求迅速增长，城市交通问题也日渐突出，主要表现在城市交通量剧增、交通路况拥堵无序以及伴随增长的交通碳排放。相较于单一的交通需求管理手段与政策，从土地利用和城市形态入手引导、优化甚至重塑出行结构和出行需求，协调发展城市建成环境与城市交通，是解决城市交通问题的重要途径。

现阶段，我国大中城市已进入大规模、快速的城市更新进程，在这个过程中，随着以建成环境为代表的物质环境的改变，城市交通会在规模和结构上产生何种变化，需要从微观角度探讨。目前各地城市相关更新办法和实施细则在技术标准层面和操作层面缺少对交通规划一体化改造的认识，因此在城市更新阶段，协调城市建成环境和交通系统发展的关系，加强建成环境的更新规划，对出行行为进行引导具有迫切需求和重要意义。

城市更新为交通改善提供了契机，交通改善也加快了城市更新的步伐，可以引导城市有序扩张，使土地利用和布局结构进一步优化。城市更新与交通改善相互促进、互为因果，城市更新必须在交通规划控制的前提下科学、有序地进行。在我国的许多地区，尤其是城市化进程加快的大中城市，作为城市更新的主要对象之一，城中村的更新改造需求尤为迫切。城中村作为一种非正规的居住社区，表现出与城市发展方向的诸多不协调之处。传统的城中村更新改造往往采用拆除重建类城市更新模式，对提高土地利用效益和推动城市可持续发展起到了重要的支撑作用。然而，城中村作为一种低成本的居住空间，承接了大量城市新增就业人口与住房高成本地区的迁出人口，也是低收入人群与城市相适应的“踏板空间”，通过形成合理的社会分工提高了城市发展弹性。鉴于城中村的特殊性，目前一些城市提出差异化、多元化的城中村更新策略，逐步限制对城中村拆除重建的比例，转而鼓励城中村的综合整治和功能转变，通过逐步消除城中村安全隐患、改善居住环境和配套服务、优化城市空间布局与结构、提升治理保障体系的综合整治策略得到政府决策者和专家学者的更多关注。人们开始协调城市交通设施与城市更新项目的建设时序等，推进城中村的有机、有序、有效更新。

城中村差异化、多元化的综合整治策略将改变以往“大拆大建”的城市改造思路，这有助于以循序渐进的方式缓解城市化发展过程的交通拥堵、燃油依赖以及环境污染等问题，引导城市的低碳化发展。但迄今为止，人们对城中村改造与交通结构优化的良性互动研究较为匮乏，尤其是在微观层面对城中村改造过程中涉及的建成环境特征、居民出行特征以及建成环境与居民出行行为之间的联系缺乏深入的研究，甚至是空白。为了推进城中村改造与交通规划有机结合，更好地满足城中村居民的出行需求，以及为城中村综合整治提供合理化交通设施改善方案，本书在综合整治更新背景下，对城中村建成环境对交通出行行为的影响开展研究。通过要素解析及度量、影响机制建模、实证分析形成“特征分析-关系建模-机理剖析-政策建议”的分析框架，以期从交通出行结构优化角度，为现阶段城中村改造的综合整治策略提供有针对性的方案补充，为城市更新和交通规划政策制定的有机融合提供辅助决策支持。

从理论研究的角度来看，建成环境对交通出行行为的影响研究是城乡规划、交通规划等领域的热点问题，而城中村作为一种特有的城市空间形态，对其建成环境特征、交通出行特征以及二者之间的联系及演变规律缺乏深入的研究，因此本研究的开展对于科学认识中国城市化背景下城市空间形态发展规律及其与交通需求之间的联系，具有重要的理论价值。本书通过跟踪城乡规划学、交通科学、行为科学和系统科学等相关学科的最新成果，捕捉行为主体的出行特征以及因城市建成环境的不同而引起出行行为的差异，从而更加真实地剖析“城中村建成环境-交通出行”的内在微观机理。另外，本书考虑到居住自选择效应在“建成环境-出行行为”中的干扰性，构建联合分析模型，测度建成环境的真实影响，丰富和完善关联机制建模的关键技术，为更加准确而全面地诠释交通出行行为的影响机制提供理论和方法支撑。最后，通过将空间复合效应作用纳入模型体系为城中村更新单元的划分提供理论依据，丰富“建成环境-出行行为”研究的知识体系。

从实践需求的角度来看，尽管城中村存在比较突出的社会问题，但也必须看到，城中村承接了大量城市新增就业人口与高住房成本地区的迁出人口，高密度的人口集聚在一定程度缓解了职住分离趋势，有利于降低整个城市的运营成本。因此，在差异化更新背景下，开展城中村建成环境对交通出行行为的影响研究，具有重要的现实意义。一方面，对城中村建成环境与交通出行行为的影响机制进行研究，有助于城市管理者正确认识城中村在城市不同发展阶段的地位和作用，合理配置社会资源，通过差异化、多元化的城中村更新策略，有机、有序、有效地推进城市空间转型优化；另一方面，考虑到空间形态变化及人口职业结构调整对交通出行行为的影响，合理预测交通需求的时空分布，通过城中村差异化更新策略与交通改善措施协同，化解可能产生的交通问题和社会问题。当前城市规模不断扩大，老城改造、新城建设正处于快速发展阶段，城市面临着难得的发展机遇与挑战，此时正是按照生态城市理念调整城市结构和土地利用形态、建设绿色交通系统的关键时期。对城中村建成环境与出行行为进行研究，有利于将城市土地利用和交通系统深度融合、完全一体化，实现慢行交通良好的通行空间，完成绿色交通主导的城市综合交通系统建设需要。另外，对城中村流动人口的关注，对维护公共利益和社会公平有重要意义，对提高城市的综合效益，寻求经济、物质环境、社会及自然环境的可持续发展同样具有重要意义。

1.2 研究现状

1.2.1 建成环境对出行行为影响的多维属性

工业革命以后，人口增多带来更大的居住需求，西方国家城市进入大规模的郊区化时期。在郊区化进程中，城市建成环境逐渐发生变化，城市的无序扩张带来了诸多城市问题，如交通堵塞、环境污染、市中心空心化等现象。如何解决大城市的城市病，较多的规划学者认为“绿色出行导向”的建成环境，即混合土地利用、高密度开发、宜人的步行环境、便捷的公共交通系统能够有效减少私家车依赖，促进非机动方式出行，是实现理想交通目标的有效手段[1]。20世纪 80 年代，“紧凑城市”“精明增长”“新城市主义”等理念进一步提出，多样化的土地利用、公共交通导向的建成环境，有利于缩短出行距离，促进城市的可持续发展[2]，建成环境与交通出行的关系也逐渐成为城市规划学、城市地理学等学科的研究热点。在建成环境和交通出行行为研究领域，建成环境通常通过五个维度来描述，被称为“5Ds”要素，分别是：密度（Density）、多样性（Diversity）、设计（Design）、公共交通邻近度（Distance to transit）和目的地可达性（Destination accessibility）[3]。由于建成环境与出行行为的关系研究多数基于实证基础展开，因此对二者之间的关系尚未形成完全统一的定论，但仍然有部分结论得到了学术界较为普遍的认同。城市土地利用紧凑、混合度高以及鼓励公交和步行的建成环境特征，能显著改变人们的出行方式[4]。

从研究内容来看，“5Ds”建成环境要素对出行特征的影响具体体现在以下几个方面。

密度（Density），指空间密度，一般用人口密度和居住密度来测度与建成环境相关的空间密度。尽管不同学者对于密度的测度存在差异，但多数研究认为，空间密度与交通出行行为存在密切联系[5-6]。随着空间密度的增加，居住地距离就业地更近，交通出行距离减短，居民更多地采用公共交通及非机动交通出行方式上班，从而减少小汽车的使用[7]。地区的高密度发展能更好地使待业者在当地找到匹配自己的工作，有利于减少长距离交通出行需求[8]。在出行方式选择方面，居住地居住密度的增加趋向于减少小汽车出行，而就业密度的增加将会缩短通勤出行距离[9]。一项针对通勤出行的研究提出，居住密度对非机动化出行影响大，对机动化出行的影响却微乎其微[10]。此外，高密度区域交通拥堵严重、公共交通服务完善、停车收费昂贵，这些因素也导致了小汽车出行可能性的降低[11]。然而，由于职业的差异性，密度对于出行方式选择的影响结论也会存在差异。在其他几项研究中提出，居民是否选择小汽车出行与居住密度关系微弱甚至没有，而居民的出行态度与生活方式等心理因素影响更大[12]。

多样性（Diversity），也称为土地利用混合度，是城市建成环境的一个重要维度，已有研究主要分为两个方面：一方面关注在居住用地邻近区域布局非居住用地的价值，尤其是零售业用地；另一方面关注职住平衡，这类研究的地理尺度相对更大，其潜在目的是减少上下班高峰时期的交通拥堵与提升空气质量。一般认为，当服务设施、住房与就业等用地相互邻近，即区域的土地利用混合度高时，可减少出行距离，促进非机动出行。一方面，混合的土地利用方式可增加居民就近工作的机会，减少小汽车通勤需求[13-14]；另一方面，混合土地利用可能使居民其他出行需求在通勤出行路线上或者附近得到满足，减少小汽车出行需求[15]。但也有学者研究发现，混合土地利用对于出行方式选择的影响不显著[16]。土地利用混合度与出行之间呈负相关关系，社区土地利用越多元化，居民出行则越少。

设计（Design），主要指城市道路网络特征。一般而言，城市设计中，较少的停车空间、连续畅通的人行道、方格网状的道路系统、优美的城市环境也可能会引导居民采用绿色交通出行方式[17]。采用人行道长度与道路中心线长度比率来测度城市步行环境时，步行环境越优越，居民单独驾驶小汽车交通出行可能性越低[18]。道路连通度的增加有利于引导居民选择非机动交通出行方式[19]。路网与交叉路口密度也对居民出行有较大的影响。不少学者指出，小尺度、小网格街区有利于减少居民出行能耗[20]。

公共交通邻近度（Distance to transit）对居民出行具有较大的影响，通常采用居民到公交、地铁站点的距离测度居民对于公共交通设施的可达性。城市中心地区较少的私家车出行在一定程度上得益于较充足的公共交通供给，而私家车出行较多的城市郊区和外围地区则缺乏公共交通服务的覆盖[24]。国内的研究几乎一致显示，地铁服务供给能够有效地减少出行距离[23]，但常规公交的作用并不显著[25]。

目的地可达性（Destination accessibility）表示的是居民对于城市就业与各种基础设施的邻近程度，包括工作地可达性、社区可达性与对于某种交通方式的可达性。尽管城市不断扩张，但主要的商业活动、公共机构、基础设施等依然主要集中在城市中心，距离市中心的远近直接决定了城市居民对公共设施与服务的可达性。距离市中心越近，可达性越好，在相同距离内所能到达的目的地也越多，公共设施服务越好，小汽车使用较少，绿色交通出行可能性越高[21]。居住地与就业地的距离对居民出行有显著影响。郑思齐等以北京为例的研究发现，居住地与就业地、公共服务设施之间的空间不匹配将增加私家车的出行[22]。社区到城市公共中心的距离对通勤具有显著的正向总体效应，因此应控制城市无序扩张和积极引导多中心发展，尽可能缩短社区与城市公共中心的距离[23]。

从 20 世纪 80 年代开始，对城乡边缘带的研究成为国内学者对城中村关注的起点，城中村问题越发显著，研究也逐渐深入。在城市边缘区理论体系的基础上，众多学者对于城中村的研究主要有以下内容：城中村的一般特征[28]，城中村的类型[29]，城中村的形成机制[30]，城中村对城市环境、经济、建设等方面的影响评价[31]，城中村改造的研究发展[32]等。可以看到，国内大多是对城中村的结构及改造机制的理论研究，而针对城中村建成环境方面的专项研究尚未发现，更不用说城中村建成环境对交通出行行为的影响。

1.2.2 居住自选择效应的影响

虽然大量研究证实了多种建成环境因素与交通模式选择、交通生成量和机动车出行的高度关联，一些研究结果也支持新城市主义的发展理念，即通过发展更加紧凑和混合使用的建成环境改变居民的出行行为，从而降低机动车大量使用的负面影响，但是现有建成环境和交通行为关系的实证结果仍存在较大的争议。例如，一项在北京的研究发现了土地利用与出行速度、出行距离的显著关系[33]，但相似的研究在洛杉矶却没有发现类似结果[34]。鉴于不一致的实证结果的存在，有必要研究引起这种差别的成因，对于建成环境与出行行为关系的理解进行更加深入的研究。一些研究结论的差异可能是采用不同统计分析方法、数据和实证案例城市或区域的副产品。而且更重要的是，若干更加复杂的方法论问题，也造成了实证结果的差异[35]。本书的研究在实证背景确定的前提下，更多地关注在方法论层面造成结论不一致的原因，因此在文献综述的基础上，总结并提出两种主要导致不同研究结论的方法论问题，即两种干扰效应：居住自选择效应与空间复合效应。

基于建成环境对出行行为的影响，大量研究提出了利用城市布局政策促进更加可持续的交通出行的途径。然而，一些学者提出疑问：观察到的出行行为到底是归因于居住地址或建成环境，还是归因于居民的居住选择行为，即居民是否是主动性地选择居住地以满足对某种出行模式的需求[36]。通过一个简单的问题，可以发现此领域研究的困惑所在：生活在适宜步行社区的人们会更多地选择步行出行，那么这是因为他们居住社区的建成环境引导其这样做，还是因为偏好步行的人选择了步行环境良好的居住社区？后一种现象被称为居住自选择（residential self-selection），即人们根据自己的出行需求和偏好选择居住地[37]。

居住自选择假设居民根据出行偏好选择居住地点，因此观察到的不同居住社区的出行行为的差异可以不完全归因于不同社区间的建成环境变化。居住自选择混淆了建成环境与行为之间的关系，是建成环境-出行行为关系辨析中的关键问题，对土地利用和交通政策的效力具有重要影响[37-38]。因此，提出居住自选择效应成为此领域的研究热点，需要有针对性地排除居住自选择效应的干扰，才能准确判断建成环境对出行行为的影响。

最开始关注到居住自选择问题的原因，是研究者发现不同居住社区往往存在研究结论的差异。居住自选择效应比较直观地体现在不同类型居住区出现行为的比较研究中，相似类型居住社区的建成环境与出行行为关系表现出相似特征，而不同类型居住社区的建成环境与出行行为关系特征则存在明显差异[39]。于是，研究者基于此现象提出合理假设，居民对居住社区的自主选择行为，即居住自选择，会影响居民的出行行为，这种影响会造成对建成环境与出行行为关系理解的偏差[40]。例如，有些居民本身就非常倾向于使用公交而非小汽车出行，因此会倾向于选择公交服务更好的居住区。换言之，这些居民自身对不同交通模式的态度，使得他们选择了方便使用公交和较少使用机动车的居住区，而这难以界定建成环境在多大程度上降低了小汽车出行。因此，忽视了居住自选择效应，容易导致建成环境对交通影响的估计产生偏差。一些研究将众多社会经济因素纳入回归模型来解决居住自选择问题，但控制了居住自选择效应后，某些建成环境因素对出行的影响变得不那么显著[41]。

具体而言，针对居住自选择的研究主要从特殊人群结构、差异化居住社区和出行主观偏好三个方面展开：①在针对特殊人群结构的研究中，主要有两种研究思路。一是考虑人的社会经济属性，对高收入人群和中低收入人群加以区分；二是考虑人的自然属性，例如针对老年人或年轻人出行的专项研究。高收入群体的通勤出行链更为复杂，弹性出行次数也更多；而低收入群体的非通勤出行较为简单[42]，同时中低收入群体的出行频率对道路连接度和公交服务水平的依赖度和敏感性都更高[43]。另一项研究发现，低收入家庭对公交和慢行出行的态度与偏好程度和中高收入家庭不同，提出在进行居住社区规划时要考虑不同收入人群的出行偏好[44]。Feng 通过一项针对建成环境对中国老年人出行影响的研究提出，与西方老年人相比，公交邻近度而非小汽车拥有率、菜市场而非大型超市的便利性、开放公共空间以及公园而非体育设施场所的邻近度，在决定中国老年人出行行为特征方面更为关键[45]。②在差异化的居住社区方面，学者们主要从居住的区位和社区类型等方面强调建成环境与出行行为的关系的不同。Wang 和 Cao 在一项针对香港居民出行的研究发现，居住在私人楼宇的居民的出行时间、出行频率受居住建成环境的影响大，其中居住密度和目的地可达性的影响表现最明显，但是居住在政府提供的公屋的居民出行行为几乎与建成环境没有相关性[46]。Cao 通过对美国双子城的研究发现，居住区类型对通勤出行方式的选择影响显著，城市中心区的居民比郊区的居民更倾向于选择公共交通通勤，同时也更愿意拼车通勤[47]。国内的城市边缘地区居民表现出公交依赖性强、公交出行比例高、生存出行比例大、弹性出行比例小等出行特征[48]。③在居民出行的主观偏好方面，居民自身对不同交通模式的态度使得他们选择了方便使用公交和较少使用机动车的居住区，这难以界定建成环境在多大程度上降低了小汽车出行频率；有公共交通出行偏好的居民在出行中会倾向于选择低碳的公共交通，但使用公共交通的出行距离相比小汽车或非机动化出行方式很可能更长；在通勤出行中，即使偏好就近通勤，居民亦有可能使用高碳的出行方式通勤，这更多取决于居民是喜欢公共交通出行抑或喜欢小汽车出行的偏好[49]。

如果没有考虑居住自选择，只是单纯改变建成环境，那么可能对出行行为的影响甚微。换句话说，如果人们的出行偏好影响了居住位置的选择，那么建成环境的影响可能会被高估[50]。因此，需要在建成环境与出行行为的关系中识别居住自选择的影响，从而为交通与土地政策的制定指明正确方向。

1.2.3 空间复合效应的影响

造成建成环境对出行行为影响结论不一致的另一重要因素是空间复合效应，这种复合效应体现在空间依赖性和空间尺度效应。

1）空间依赖性

当地理空间相近的个体倾向于相似的行为特征时，回归分析中个体独立的假设不再满足，需要考虑空间依赖的问题[51]。空间依赖是指一个地区的样本观测值与其他地区样本观测值之间的关系[52]。元素在各个区域之间的流动、位置和扩散，在地理空间中形成了相互作用和相互影响，导致样本观测数据在空间上无法独立。观测数据的相关强度将受到区域之间相对位置和绝对位置的影响，这表明在不同区域之间发生的经济行为和地理行为之间将存在空间相互作用，距离较近的事物通常比距离更远的事物之间的相关性更强[53]。当位置邻近的观测值趋于具有相似特征时，就会出现空间依赖性，因此不再满足观测独立性的假设[54]。

在建成环境与出行行为研究中，出行行为变量以个体为单位测量，而建成环境变量则以区域为单位测量，因此出行行为作为一种空间数据被分配到不同的人口统计单元、交通分析小区、邮政编码区等空间单元中，同一个地理尺度上的因素在各个空间单元内很可能有一些相似的特征[55]。Bhat 考虑了居住区和工作区的聚类后，引入了多级交叉分类模型，对通勤方式选择进行研究，结果表明，应该将个人特征与空间特征聚合到同一层级，才能获得更准确的结果[56]。Schwanen 等研究了荷兰城市形态对机动车出行时间的影响，结果证明机动车燃油消耗在空间相近的区域表现相似性[57]。Hong 采用具有空间随机效应的多层次模型控制空间自相关效应，结果表明，居住密度对交通排放的影响受空间相关性影响；在排除了空间自相关的干扰后，增加居民密度仍可以显著减少小汽车碳排放[58]。Ding 等利用允许潜在空间相关性的交叉嵌套 Logit 结构来描述出行目的地和出行方式的相关性，结果表明对于短距离购物目的出行，出行方式选择的各个方案具有较高的空间相关性[59]。

2）空间尺度效应

随着人们对尺度以及尺度效应问题认识的加深，越来越多的学者开始关注和研究建成环境的空间分析单元的尺度选择问题。有些研究以居住地或以居住地中心的半径 500m、1000m 的直线缓冲距离作为建成环境的空间分析尺度，有些研究则利用交通小区、人口普查边界等统计边界作为建成环境的空间分析尺度[60-61]。在不同的地理空间上研究建成环境与居民行为的关系，会出现一定程度的尺度效应和区划效应[62]。Hong 等人的研究表明，研究不同类型居民出行行为时需要从不同的地理空间尺度上入手，居民通勤出行更多受到城市区域建成环境的影响，而与邻里尺度层面的建成环境因素关联不大；相反，居民的非工作出行，特别是居民的日常生活出行行为，才会更多地受到邻里尺度层面的建成环境特征影响[35]。

1.2.4 研究现状评述

从时间维度和空间维度梳理相关研究发现，国内外学者从多种角度针对建成环境与出行行为的关系进行了深入研究与探讨。但是不同学科的研究视角存在差异，导致对建成环境与出行行为关系的解析结论复杂多样。另外，如何将实证研究的经验结果应用到中国城市发展的大背景下，尤其是中国城市更新背景下的研究尚未开展。就目前研究而言，中国城市的实证结论与西方城市并不一致，中国城市之间亦有所差异，总体上，对社区建成环境对居民出行的影响及其机制，研究人员尚未取得一致的研究结论。而中国城市面临不一样的城市扩张方式，许多大城市反而存在过高密度、高度混合用地和道路基础设施不足等问题。在中国城市背景下，如何测度和评估“5Ds”等建成环境指标是相关研究的难点和关键。区别于西方发达国家的城市，中国城市正处于高速发展的阶段，其社区建成环境、居民的时空行为及其两者之间的联系均在发生更快、更大的变化。来自中国城市的实证研究可以丰富中国本土的实证与应用。

如今中国的城中村改造为同步改善城市建成环境与交通出行结构提供了机会，但是如何在改善交通出行结构的同时，有效地利用城中村改造的契机，为城中村提供适宜可持续改造的策略？国外对于城市建成环境与交通出行之间关系的研究相对较早，从最初"邻里单元"概念的提出强调以学校等生活服务设施为社区中心组织步行交通，到新城市主义提倡传统邻里设计，公共交通导向发展以应对城市交通拥堵问题，再到从城市建成环境角度出发探索减少机动化交通的有效途径，相比较而言，国内对于城市建成环境与交通出行之间关系的研究开展较晚，尚未形成系统全面的成果。同时，由于中国城市居民的出行态度偏好、生活方式和社会规范与西方国家存在较大差异，中国城市在空间结构、土地利用模式、交通系统等方面与西方城市有巨大差异，且中国城市的交通能源消耗及其相关比例普遍小于欧洲国家和美国，已有的西方研究结论并不适用于中国。研究人员更多关注宏观集计层面的交通出行影响研究，对城市建成环境对微观个体出行行为的影响研究关注较少，尤其是缺乏二者关联机制建模等关键技术的研究成果。目前存在的研究空白以及缺乏深入研究的方面主要可以总结为以下几点：

（1）由于中西方社会发展阶段及居民生活方式的差异性，例如国内居民对公共交通的依赖程度要远高于西方城市，相对于其他建成环境要素，到公交站点的可达性程度对居民出行行为的影响可能要高于西方城市。因此，需要针对中国城市背景尤其是大城市城中村与出行相关的建成环境进行研究。尽管国内外学者对自助型居住区、边缘社区的建成环境特征进行了一些研究，但对城中村的建成环境研究却较少涉及，尤其缺乏理论研究。对城中村的研究也大多局限于"就城中村论城中村"，较少将其视为城市有机整体的一部分，与交通问题进行联合研究。城中村存量规模大，而且由于地理区位、空间形态、交通条件的差异，城中村居民出行行为体现出差异化特征。但目前对城中村居民出行特征及其影响因素的关注较少，特别是没有关注不同类型城中村的居民出行特征及其影响因素。

（2）对于建成环境对出行行为影响研究中的居住自选择效应，在中国城中村改造背景下，需要进行补充研究。居民自选择理论的一个重要前提就是居民根据自己的偏好自由选择居住环境，但在中国现有住房体制和结构背景下，居民选择某种商品住房可能会更多考虑建成环境要素，如周边教育资源、停车位及商业配套设施等。对于城中村居民，住户几乎全部是租户，其居住地的选择受租房价格和就业通勤的影响程度更大，这与其他群体的自选择效应可能存在较大差异。不同的住房类型能够为建成环境对居民活动出行行为的影响研究提供对照性的参考。目前国内的出行研究还较少考虑到居住自选择的影响，若不剔除居住自选择的混淆效应，很可能会错误地估计建成环境对出行的影响，进而误导城中村改造策略或相关交通与土地利用政策的制定。

（3）建成环境对出行行为影响研究中的空间依赖效应以及空间尺度效应，在中国城中村改造背景下，需要进行补充研究。城中村改造涉及的空间影响更加广泛。空间依赖作用对城中村改造的影响较大，在对某一片区改造时，不能忽略对其他片区的影响，而这种影响正是通过空间依赖作用产生。如果忽略空间依赖的影响，可能会错误地估计建成环境对片区出行行为的影响，造成建成环境在城中村改造过程中对出行行为的引导作用失效，甚至加剧改造片区的交通问题。同样，空间尺度效应在城中村更新单元划分中起到重要作用。虽然目前两种空间效应都得到研究关注，但是没有将两种空间效应的复合影响纳入统一模型。

（4）技术手段和研究方法仍须完善。在建成环境测度的技术手段方面，越来越多的前沿研究开始探究建成环境与出行行为之间联系的复杂性与多元性，由直接的联系分析转向更深入地探究建成环境对行为的中介效应（Mediation

Effect）或间接影响。在研究方法上，从传统的、仅能测度直接影响的数学模型转向能够探究多变量之间的相互关系、测度间接效应的模型。通过潜变量结构将结构方程模型和离散选择模型结合，同步估计内生变量间的相互影响，提高模型统计推断的稳健性[63]。另外，应更多地聚焦于将多种形式的外生变量以及多种类型的出行决策变量置于统一框架[64]。

第2章

城中村建成环境与出行行为关系分析基础

城市建成环境对交通出行的影响，根源于土地使用与交通之间的相互关系理论。本章从微观角度阐述城中村的含义、城中村的改造模式，界定城市建成环境与出行行为研究的边界，回顾分析土地使用与交通的互动反馈机理；鉴于城市建成环境对交通出行的影响，在不同的城市更新阶段背景下具有不同的表现形式，结合文献实证研究，从定性角度系统梳理宏观城中村空间结构和建成环境核心要素对城中村居民出行行为的影响。

2.1 城中村出行行为与建成环境特征

2.1.1 城中村的含义与特征

城中村，顾名思义就是指城市中的村庄。在城市快速发展的过程中，城市将一些距离城区较近的村庄划入城市建设用地范围内，这些被纳入城市建设用地的村庄形成城中村[65]，其发展进程可由图 2-1 表示。从狭义上说，城中村是指农村村落在城市化进程中，在城市建成区范围内失去或基本失去耕地，仍然实行村民自治和农村集体所有制的村庄；也可指全部或大部分耕地被征用，农民转为居民后仍在原村落居住而演变成的居民区，亦称为“都市里的村庄”。从广义上说，城中村是指在城市高速发展的进程中，滞后于时代发展步伐、游离于现代城市管理之外、生活水平较差的居民区。

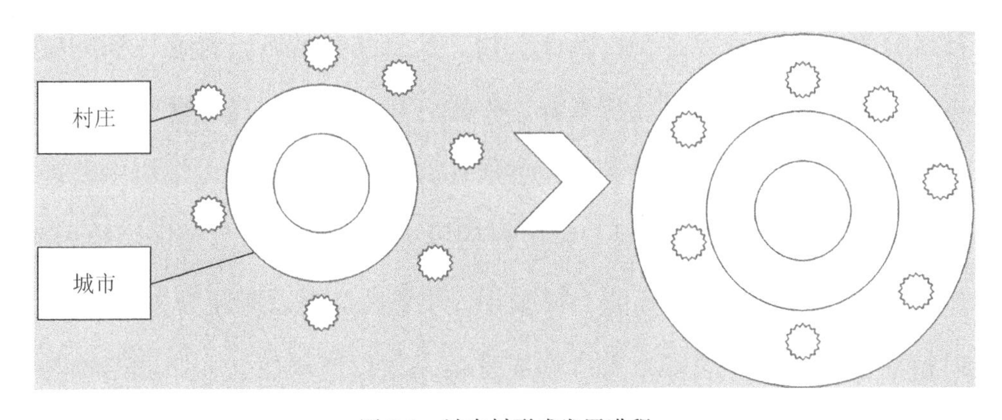

图 2-1 城中村形成发展进程

中国改革开放后的工业化和城市化的快速发展，是城中村产生的直接原因。工业化发展促进了城市化的快速发展，而城市化的快速发展又导致城市规模不断扩大，使得城市用地面积不断向周边区域的农村侵入。这些农村逐渐被城市包围，是城中村形成的直接原因。而城中村形成的间接成因就是村民对利润最大化的追求。这些被包围的村庄所处地理位置优越，使得村内原住村民可以利用这一优势获得级差地租，即通过出租村内的房屋和土地获取较高的个人收入。受利益驱使，村内乱搭乱建的建筑越来越多，房屋建筑密度也越来越大，城中村现象就在这种情况下逐渐形成和发展扩大。

城中村虽然地处城市地域范围之中，却独立于城市规划、管理体系之外，是自我发展、自我演化形成的一种城市非正规社区。城中村问题是一个日益突出的阻碍城市发展的问题，它与城市化的速度、城市化的质量、城乡土地资源的科学集约利用、城市产业结构调整、城市生态、城市现代化都有着很大的关系，因而是中国经济社会可持续发展中的一个重大问题。随着城市化进程的进一步加快，区域之间发展不平衡，贫富差距和城乡差别进一步拉大，城中村问题变得越来越复杂，解决的难度也越来越大。然而，城中村作为一种低成本的居住空间，承接了大量城市新增就业人口与高住房成本地区的迁出人口，通过形成合理的社会分工，提高城市发展弹性。

城中村在建筑景观、人口构成、经济特征、行政管理、生活方式等方面，与城市社区有着明显的差异。在我国珠三角、长三角等地区，普遍存在的城中村是以本地居民出租房屋获得经济来源、外地户籍居民承租房屋获得临时住所、兼有内部服务型经济为主的城乡过渡型居住社区。相应地，城中村主要表现为以下几方面的特征：①经济特征，城中村村民主要的经济来源是房屋出租收入、集体经济分红以及小规模的商业、餐饮业，外来人口则以居住为主，外出就业。②人口特征，外来人口居多，人口构成复杂，人口流动性强，职业结构与生存方式亦城亦村，文化素质相对不高，社会治安难度大。③土地特征，城中村土地属于集体所有制土地，基本以农村居民宅基地为主、其他建设用地为辅，土地利用功能单一且效率低，城市基础配套设施标准低，缺少必要的城市公共设施。④建筑与空间形态特征，建筑物以村民家庭住宅楼为主，缺乏统一规划，建筑密度高，但土地利用效率低，违章建筑和私搭乱建多，呈现出“握手楼”或“一线天”的外貌特征。⑤交通设施特征，由于城中村内一些民房属于私人违章建造，不但房屋质量较差，而且与之相配套的交通基础设施也不完善，主要表现在四个方面。第一，城中村内的公共道路要比城市狭窄得多，而且道路不平整，弯曲现象严重，当城中村内发生火灾、爆炸、病人急救等特殊情况时，消防车和救护车可能根本无法到达指定的救灾和救护现场，后果非常严重；第二，城中村道路多存在断头路，道路网络系统功能不完善，存在结构性问题，交通微循环能力不足；第三，城中村内部居住用地与货运仓储用地混杂，导致道路上客货交通混合严重；第四，大多数城中村停车设施不足，存在大量的路边停车现象，同时缺乏交通组织手段干预，经常造成出入口处对交通主干道的干扰，引发拥堵现象。

由以上特征可以发现，城中村作为一种非正规的居住社区，表现出与城市发展方向的诸多不协调。传统的城中村更新改造往往采用拆除重建类城市更新模式，虽然对城市空间结构、人口结构和产业结构产生了深远的影响，对提高土地利用效益和推动城市可持续发展起到了重要的支撑作用，但是城中村作为一种承接从高房价地区溢出居民的居住区，其积极作用不容忽视，主要表现在以下三个方面：

（1）分担了城市和政府安置低收入群体的负担。一方面，随着城市经济的快速发展，城市对于劳动力的需求不断增加；另一方面，科技进步加快了农业现代化的进程，大量的农村剩余劳动力从农村涌入城市，劳动力供给不断增加，这两方面共同作用的结果，就是进入城市的外来流动人口数量大幅增加。这些进入城市的外来流动人口受教育程度相对较低，由于所掌握的知识和劳动技能有限，所获得的收入较低，而城中村内低廉的房租刚好可以满足他们对住房的最基本需求，因此城中村也就成为外来流动人口比较集中的居住地。从这一点上看，城中村吸纳了大量的外来流动人口，也在一定程度上分担了城市和政府安置这些流动人口的负担。

（2）为失地农民提供了社会保障的补充。城市化的快速发展必然伴随着城市规模的扩大，而城市规模的扩大也必然需要通过城市土地扩张来实现，城市土地扩张途径就是不断地将农民手中用于耕种的农用地进行征收。长久以来，土地是农民获得收入的唯一来源，对于城中村内的村民来说，手中耕地被征用后，唯一可以依赖的就是村集体用地和用于生活的宅基地。城中村优越的地理位置可以使城中村内的村民获得级差地租，他们通过向外来流动人口出租自己宅基地上的改建房获得可观的个人收入，可见城中村的存在可以为失地农民提供一定的社会保障。从本质上看，在城市发展过程中，城中村所承担的社会保障功能，是靠出租农民宅基地上的房屋获取租金这一办法，来分担社会保障的巨大压力。

（3）一定程度上缓解了城市职住分离现象。由于城中村承接了大量城市新增就业人口与高住房成本地区的迁出人口，这些人口选择城中村居住还考虑了邻近就业地的需求，高密度的人口集聚在一定程度缓解了职住分离趋势。因此，从城市宏观层面来看，大城市城中村在城市中分布广泛，为城市的就业人口提供了更多的居住自选择，对城市交通起到了一定的疏解作用，缓解了交通拥堵现象，有利于降低整个城市的运营成本。

综上，城中村的两面性决定了其改造的复杂性，不能放任自流，也不能“一刀切”地盲目拆除，需要对其差异化改造策略进行讨论。

2.1.2　城中村差异化改造模式

根据城中村的地理位置和用地状况、现状功能、收入来源和流动人口集聚程度、资源条件、主要问题建筑等级、设施环境和治安状况、市场条件土地价值和开发强度、改造规划产业发展导向和承载功能导向等方面的差异，本书主要针对居住型城中村进行研究，总结目前两种主流的城中村改造模式。

第一种："拆除重建型"城中村，主要分布在主城建成区内。这些村庄已被城市完全包围，从景观与物质空间上看，与周边城市截然不同。这些社区仍然保留和实行农村集体所有制，但由于城市的发展已征用他们原先的土地，村民们无法再从事农业生产，大多数已参与城市分工，也有部分依靠房租生活。由于所处的区位较好，土地和房产经济价值高，大多集体用地无序开发，宅基地搭建严重，建筑密度很大，无论是建筑景观还是区块功能与中心城市已格格不入，这样的城中村一般采用拆除重建的改造形式。目前，拆除重建类更新是在综合整治模式均难以为继的情况下的选择，也是最为普遍、矛盾最多的一种更新模式，其更新对象需要满足相关法规规定的基本条件，应严格按照城市更新单元规划、城市更新年度计划的规定实施。

第二种："综合整治型"城中村，主要分布在主城现状建成区和边缘规划建成区内。这些村处于城郊接合部，但大多处于城市近期重点建设的区域，与城市景观差别很大，村落的物质空间较为混乱，公共服务设施匮乏，大量的城市流动人口集聚在村内，有的城中村城市流动人口甚至超过本地村民几倍，多元的文化在这里交融。村民们基本不从事农业生产，大多以房租为主要生活来源。这类城中村数量最多，土地产权、经济结构、社会关系较为复杂，集体土地违规使用情况严重，由于工厂较多，环境污染也较为严重。但由于承担着城市的廉租房功能，短期内全面拆除重建并不可行。所以，对这类城中村进行全面的综合整治，并有计划地分批推动局部或整体改造，是较为切合实际的改造方法。改造的方式主要是改善建筑外观、局部拆除、整治村内道路、增加公共服务设施等。在交通规划方面，强调加强交通疏解，完善城中村内市政道路和村道的交通规划，合理设置停车场和停车位，保障良好的通行秩序和停车秩序。另外，建立文化广场、增设配套文化体育设施等，也是城中村综合整治的重要内容。

2.1.3 城中村居民出行特征

从出行特征来看，由于城中村的流动人口和低收入人口相对较多，一般情况下，城中村居民机动化出行能力较弱，但仍有着较大的出行需求。首先，在小汽车拥有方面，城中村居民以城市中的低收入人群为主，拥车水平较低，导致机动化出行比例低于平均水平。其次，在出行目的方面，上班出行仍是城中村居民最主要的出行目的，随后是购物娱乐等生活出行[66]。再有，在出行方式方面，公共交通是城中村居民出行的主要方式。在拥车水平较低、机动化能力受限的情况下，常规公交、轨道交通等公共交通仍是居民高峰期通勤出行与平峰出行的主要方式。公交服务水平的提升，不仅有利于缓解片区交通拥堵，同时有利于减缓私人交通的增长。最后，在缓解职住分离方面，在大城市住房成本增长的背景下，城中村片区承接了大量城市新增就业人口与高住房成本地区的迁出人口，片区通勤距离、通勤范围均快速增长，尤其是中心区周边的城中村。同时城中村居民的组成结构也在发生变化，居住人群中的白领比例在增加。

2.1.4 建成环境“5Ds”要素

本书研究的主题是建成环境对出行行为的影响，因此，明确城市建成环境要素正是关键环节之一。建成环境是人类文明的产物，为人类活动提供了空间背景，其核心构成要素是土地利用模式和交通系统。建成环境与出行行为具有密不可分的关系。一方面，建成环境塑造了人们的活动空间，通过各类设施的可达性、道路系统的连通度等具体要素，对人们的行为活动起到制约作用；另一方面，个人的行为活动及其表现的群体规律性也反映了人们对建成环境的需求，能够推动城市规划与建设部门对现有建成环境进行优化改造。建成环境由人为建设改造的各种建筑物和场所组成，尤其指那些可以通过政策、人为行为改变的环境，包括居住、商业、办公、学校及其他建筑的选址与设计，以及步行道、自行车道、绿岛、道路的选址与设计。在交通出行行为领域，建成环境的研究要素主要是指影响居民活动行为的土地利用模式、交通系统及与城市设计相关的一系列要素的组合，通常用五个维度的要素加以描述，即密度、多样性、设计、公共交通邻近度和目的地可达性，本书对“5Ds”属性的释义见表 2-1。

表 2-1 建成环境“5Ds”属性

建成环境“5Ds”属性	含义
密度（Density）	人口密度、建筑密度、居住或就业密度等
多样性（Diversity）	土地利用混合度，兴趣点（Point of Interest, POI）多样性
设计（Design）	城市路网设计，包括停车空间、道路宽度、人行道比例、有无公交专用车道等
公共交通邻近度（Distance to transit）	公共交通便利程度，包括一定范围内常规公交站点数或轨道交通站点数、到公共交通站点的距离或到公共交通站点的步行时间
目的地可达性（Destination accessibility）	到目的地、市中心距离或采用某种交通方式到目的地的可达性

（1）密度。密度主要用来衡量城市建成环境中人口或活动分布的密集程度。

（2）多样性。多样性用来衡量城市建成环境中各种活动的种类及平衡分布情况，常用混合熵指数来表示土地利用混合度。通常将指定范围内的土地利用划分成 km × km 网格，在每个网格中分别计算用地各类用地面积比例，如式(2-1)所示：

$$\text{Mixedlanduse} = -\sum_{i=1}^{n} \frac{P_i \times \ln P_i}{\ln n} \tag{2-1}$$

式中：P_i——土地利用类型中第i类占当前网格面积的比重；

n——当前网格中土地利用类型的总数。

计算得到的土地利用混合度值 MixedLanduse 为 0～1 的实数，值越小说明混合度越低，该网格内的土地利用类型单一，当值为 0 时说明该网格内只有某种单一类型的用地；值越大说明该网格内混度越高，各类用地比例均衡。

（3）设计。设计主要指的是城市建成环境中街道网络特征所显示出来的设计元素，在交通行为研究中，多采用道路设计指标，例如机动车道宽度、人行道比例、公交专用车道比例、断头路密度等。

（4）目的地可达性。目的地可达性主要是从宏观尺度可获得工作机会的角度出发衡量可达性，常用小汽车和公共交通工作可达性来表示。

（5）公共交通邻近度。公共交通邻近度主要用来衡量邻里尺度的公共交通服务设施的便利程度，常用到常规公共交通站点的距离和到轨道交通站点的距离来表示。

从过去的文献研究中可以发现，城市建成环境涉及的要素种类很多，是否需要将其全部纳入，哪些要素必须包含，建成环境要素指标如何度量，是需要全面考虑的重点问题之一。建成环境与出行行为的关系在以欧美为代表的西方国家城市情境下的研究较多，但对于高密度的中国情境，相关研究起步较晚，缺少普适性的规律指导中国的城市建设。早期城市规划也缺乏对居民出行行为需求的充分考虑，导致建成环境与居民需求不匹配，引发诸如交通拥堵、污染暴露等一系列问题，损害了居民健康，降低了居民的幸福感[67-68]。在本书中，城中村的特殊性从人口和改造需求两方面体现，人口的特殊性决定了出行行为的特殊性，改造需求的特殊性决定了需要考虑的建成环境指标的特殊性。因此，在通用的建成环境指标的基础上，还需要梳理适用于本书城中村出行行为研究的建成环境指标。

一般情况下，从建成环境的研究尺度来看，建成环境的测量可以划分为宏观、中观、微观三个层面。宏观层面关注整个城市，侧重于城市扩展、基础设施布局等方面对城市交通系统运行的影响；中观层面涉及一个或多个城市街区的构成范围，主要关注密度、土地利用混合度、街道连通性等对街区内居民的出行影响；微观层面主要关注建筑及其选址，包括场所设计、街道尺度、公共设施距离等对个体出行行为的影响。本书针对城中村社区研究其出行行为，单个城中村也是最小的改造单元，因此本书的建成环境测量尺度既要在中观层面上面向城中村社区，又需要在微观层面上面向个体出行行为。以城中村社区为基本邻里单元，作为测量和计算建成环境指标值的地理单元尺度，具体方法为以城中村小区质心为圆心、半径 500m 的缓冲区作为测量范围。本书区别于以往大部分以交通分析小区（Traffic Analysis Zone, TAZ）作为地理单元的研究，主要有两点原因：第一，在尺度大小上，一个 TAZ 尺度大于一个城中村尺度，通常包含多个城中村，因此如果采用 TAZ 为基本地理单元无法反映城中村之间的异质性；第二，TAZ 和城中村在空间上不是简单的嵌套关系，存在 TAZ 边界线分割单个城中村小区的情况，若以 TAZ 为地理单元，会造成城中村小区分割的情况。

在确定了建成环境测量的尺度后，由于研究的基本地理单元是一个城中村小区，该地理单元通常小于一个地块面积，因此在一个城中村小区范围内，土地通常为单一性质用地，有时甚至不能确定土地利用性质。因为城中村未纳入城市规划，无法获取官方定义的土地利用性质，土地利用混合度通常为 0 或无法计算，因此在本书中，土地利用混合度指标并不适用。一般情况下，在小尺度地理单元内，POI 数据对活动点的表示更加详细，可以代替土地利用混合度[69-70]，Yang Yue 等通过比较 4 种计算 POI 的混合利用模型，提出 POI 在解释社区活力方面更加适用[70]；郑权一等提出 POI 混合度是影响活动多样性的重要正指标[71]；胡晓鸣等的研究结果表明，基于 POI 的功能区识别效果显著，小尺度网格的功能混合度对土地利用描述具有一定的参考价值[69]。随着 POI 数据可得性的提高，越来越多的研究采用 POI 数据研究行为活动的多样性、活跃度等问题[72-73]。本书采用 POI 多样性替代土地利用混合度指标，仍采用混合熵计算方法，即：

$$\mathrm{MixedPOI} = -\frac{\sum_{i=1}^{n} P_i \ln P_i}{\ln n} \tag{2-2}$$

式中：P_i——POI类型中第i类占当前总类型数量的比重；

n——当前网格中POI类型的总数。

计算得到的 POI 混合度值MixedPOI为 0～1 的实数，值越小说明混合度越低，该网格内的 POI 类型单一，当值为 0 时说明该网格内只有某一单一类型的 POI；值越大说明该网格内混度越高，各类 POI 比例均衡。

在建成环境指标内容方面，以往的研究中，建成环境指标的选择都是根据研究需要调整和筛选[74-78]。需要强调的是，虽然建成环境属性涉及多个方面，可以形成相当多的建成环境指标，但这种指标并不是越多越好，应根据研究的具体需要进行选择和调整。另外，在选择建成环境指标时，还需要考虑指标的直观性和实用性。本书针对的是城中村改造问题，不仅要考虑哪些建成环境属性对城中村居民的出行有影响，还要考虑哪些建成环境属性在改造的过程中有机会调整，这些指标会纳入本书的建成环境指标体系。需要明确的是，城中村综合整治改造的前提是将城市更新单元作为保留区域，其内容一般包括立面更新、市政工程设施、道路交通系统、沿街景观、公共服务设施、公共开敞空间、历史文化遗存等。其中涉及城市交通系统规划的，是指对道路交通系统的综合整治。因此，需要重点关注城市道路指标，尤其是在综合整治中具有调整可行性的道路规划与设计要素。由于城中村改造在综合整治中可调整的交通设施范围有限，通常在城市道路方面，主要调整对象是与城中村对应的步行出行环境、人行设施等要素，以及常规公共交通设施供给等方面，而在城中村改造中不会涉及或难以调整的要素，例如轨道交通站点密度、城市道路网密度等，不作为本书的建成环境指标。

综上考虑，本书选取的适用于城中村出行行为研究的建成环境指标包含以下 5 个方面、10 个指标，如图 2-2 所示。

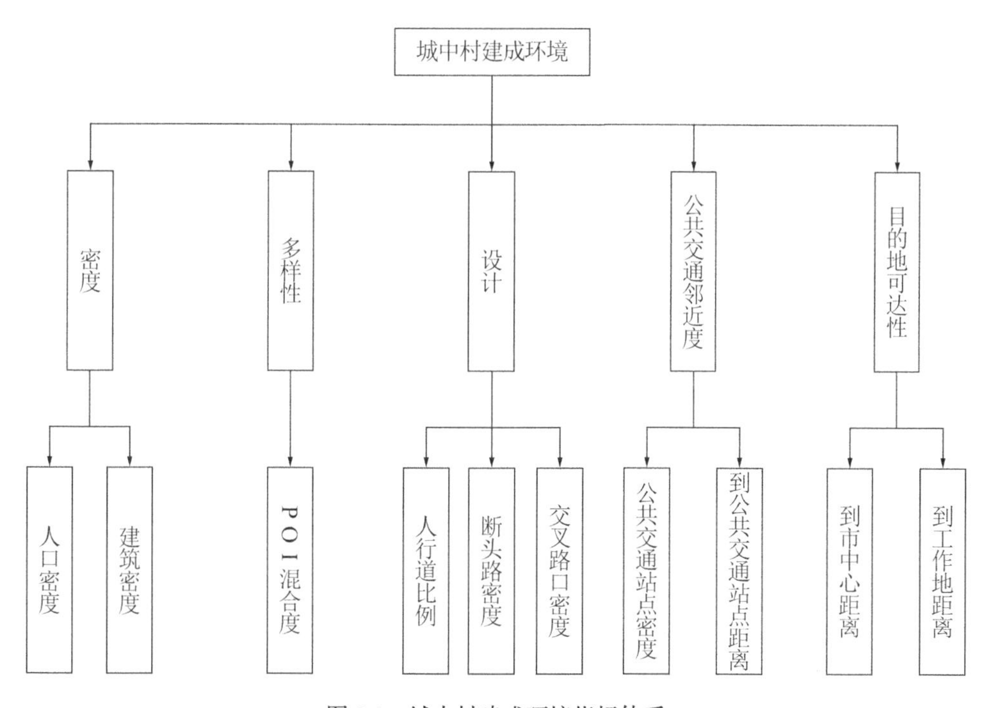

图 2-2　城中村建成环境指标体系

其中，断头路密度是城中村社区较为特殊的建成环境指标，也是城中村改造重点关注的对象。断头路是指某一特定中小范围区域内没有接入其他相应成形路网的道路。由于城中村内道路缺乏统一规划，造成断头路现象较为严重，打通断头路是城中村改造的重点工作之一。因此，有必要针对断头路对城中村居民出行行为的影响机理展开研究。

2.2　城中村改造与交通出行的互动关系

为解析城中村改造中涉及的建成环境对交通出行的影响机理，本节从宏观的土地利用与城市交通的基本关系分析开始，递进到中观层面的城市更新与城市交通的互动关系，最后聚焦到微观层面的出行决策过程机理，并重点解析影响出行决策的建成环境因素。

2.2.1　土地利用与城市交通的互动关系

土地利用与出行的互动机理是建成环境影响出行行为的基础理论。城市交通与土地利用之间存在复杂的互动关系，在宏观上表现为一种“源流”关系。土地是城市社会经济活动的载体，各种性质土地在空间上的分离引发了交通流，各类用地之间的交通流构成了复杂的城市交通网络。源和流之间相互影响、相互作用。一方面，土地利用是产生城市活动的源泉，土地上的居民活动决定城市交通的发生、吸引和方式选择，从宏观上规定了城市交通需求及其结构模式；另一方面，交通改变了城市各地区的可达性，而可达性对土地利用的属性、结构及形态布局具有决定性作用（图 2-3）。城市不同性质的土地利用的空间分离是产生交通需求的根源，城市土地利用的分布和强度直接影响交通需求的数量（频率）、出行距离和出行方式。而城市交通系统反过来又成为影响土地利用的一个重要因素。

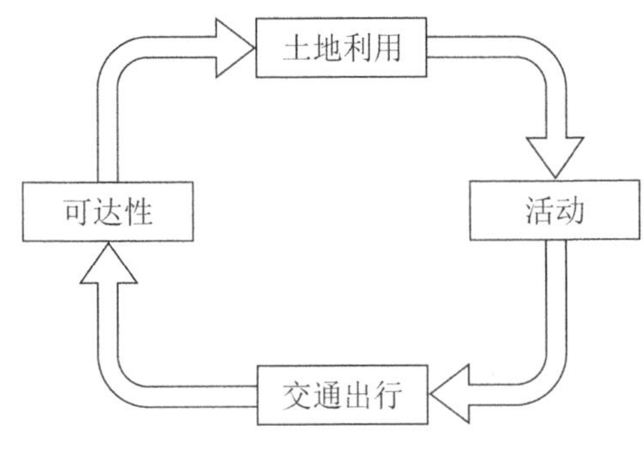

图 2-3　交通出行与土地利用的互动关系

由城市交通与土地利用的源流关系可知，城市土地利用模式是城市交通模式形成的基础，特定的城市土地利用模式将导致某种相应的城市交通模式；反之，特定的城市交通模式也需要相应的土地利用模式予以支持。不同的土地利用类型和强度所引发的出行目的和方式选择不同，城市用地在空间上的分布决定各类活动在空间上的分布，也决定了交通出行的时空分布。与此同时，交通系统的供给提供了交通需求实现的可能和途径，作用于交通需求并反过来影响用地及其活动。交通设施完善程度高的地区可达性高，具有更大的吸引力，吸引更多的出行，从而提高土地的利用价值，影响土地的利用类型和强度。交通系统对土地利用的影响如图 2-4 所示。

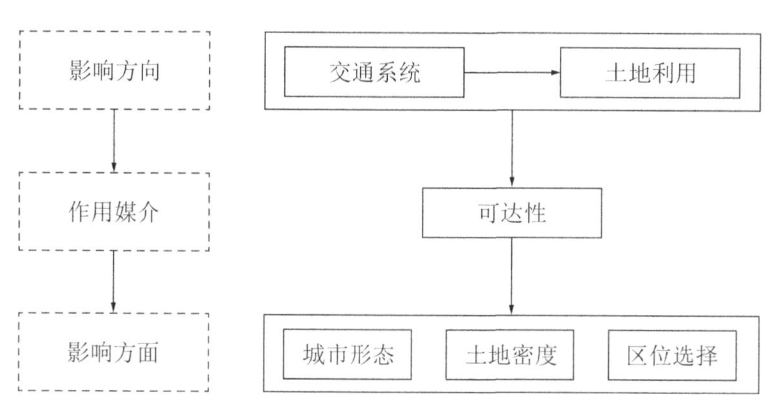

图 2-4　交通系统对土地利用的影响

土地利用要素，如土地利用类型、土地利用强度、土地利用结构、土地利用规模以及其所承载的人口密度、岗位数量等发生变化，会引发交通系统的出行数量、出行方式和结构、出行路径以及出行时空分布等要素发生变化，然后要求交通系统的设施结构、布局以及服务等供给条件作出相应的调整，适应新变化的交通需求，否则，土地利用变化就会对交通系统的运行状态产生负面影响。从微观交通来看，土地利用强度的变化会引起出行量的变化，土地利用强度越大，出行量越大，在设施条件不变的情况下，会使得设施的服务水平下降。如果土地利用强度增幅较大，使出行量的增加超过了交通设施承载力，就需要对交通系统进行改造，提供更多的容量或承载力的交通设施，改善交通系统以适应土地利用的变化，防止加剧交通拥挤。在这个过程中，出行方式选择可能随之变化，例如当土地利用强度增加导致出行增多和道路拥挤，如果配套提供了良好的公共交通服务设施，部分居民可能由小汽车转向公共交通，这种变化对交通系统的影响是积极的。但是如果交通系统没有作出相应的变化，就会产生各种交通问题。土地利用类型的变化则会引起出行距离及出行方式改变，增加土地利用的多样性，有助于减少长距离的出行和对小汽车的依赖。出行距离缩短的同时，也会影响出行方式的选择。短距离的出行有利于促进公共交通以及非机动车的发展，而如果在土地利用类型变化时，没有考虑这些交通需求，缺乏非机动交通设施或公共交通设施，就会增加对小汽车的依赖，加剧该地块附近的交通拥挤。基于经典的“土地利用-交通系统”互动反馈机理可知，城市建成环境对交通出行的影响具有深层次的原因。土地利用对交通系统的影响如图 2-5 所示。

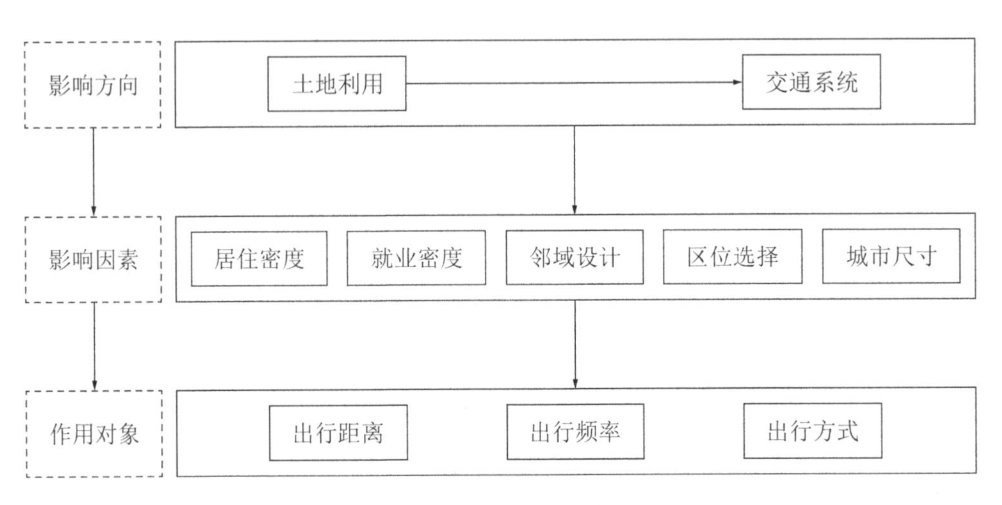

图 2-5　土地利用对交通系统的影响

土地利用变化与交通系统的作用是双向的：一方面，土地利用变化要求交通系统与之相适应；另一方面，交通系统也会对土地利用变化产生需求与影响。从历史发展来看，每一次交通方式的改进、交通线网的建设，都会推动城市空间格局的演化，促进土地利用布局的调整。交通方式的改进和交通线网的建设，节约了出行时间，改变了出行可达区域，引起可达性的变化，进而导致各种生产活动的区位重新选择，并直接表现在土地利用上，引起土地价格、土地区位、空间分布等特征变化，最终使土地利用布局发生变化。

2.2.2　城市更新与城市交通的互动关系

长期以来，城市总体规划层面更注重城市的结构、用地布局及绿化、公共服务设施的布局等，在构建城市宏观规划结构时，并未对交通体系进行深入、综合的评估工作。近年来，随着资源的紧张，研究人员提出人口发展不能超越资源的承载能力，但面临交通瓶颈，不论是人口规模的发展与预测，还是土地利用规模的预测，均未将交通承载力作为参考指标。在规模过度发展的城市，一方面，交通供给存在失灵的情况，即增加交通设施并不能有效解决城市交通问题；另一方面，交通设施也不会无限制地供给。因此，交通与用地协调发展的理念，应将交通资源承载力作为城市或片区的规模发展限制要素之一。

目前的城市更新主要面临两方面的问题：一是建成区内可用于新建设施的用地少，因其土地价值和房产价值较高，拆旧建难度大，因此建成区更新难以采用区域性整体的方法，城区的道路形态及布局难以明显改变。二是大多数城市的中心区均面临功能部分缺失、部分建筑老旧、环境设施不足、人口密度高、交通拥堵和停车问题矛盾等非常突出的问题。随着城市交通高机动化的发展，交通拥堵和停车难已成为“大城市病”的首要问题。此外，在我国的城市化进程中，由于传统的规划体系与高速城镇化、市场化不适应，规划失控导致了交通堵塞。

城中村改造作为城市更新的主要形式之一，其基本目标是低密度单一住宅区向中高密度复合功能区转变。这种改变导致区域的用地功能、开发强度及地块的功能组织均发生较大变化，由此导致交通不适应土地利用的改变。有学者指出，在近期开展的城市更新规划及实现过程中，由于并未根据用地功能的改变相应地调整路网布局，只是简单地将原地块进行调整并继续采用原有的道路网络来组织居住区的用地空间布局，导致空间形态不适应新居住区的要求，出现新的交通问题。在功能转变的过程中，继续沿用原有的路网，对于新建高密度居住区来说，路网密度过低，主次干道结构性比例失调，难以承载高密度开发和具有居住区出行行为特征的高强度和分散型的出行需求。城中村改造与交通系统的互动关系如图2-6所示。

随着城市化的推进，城市更新，尤其是城中村改造在城市发展中占据了越来越重要的位置，其不仅是改善物质环境、推动城市发展、挖掘城市存量用地的重要手段，也是改善城市交通状况、引导城市向绿色健康发展的关键机会。

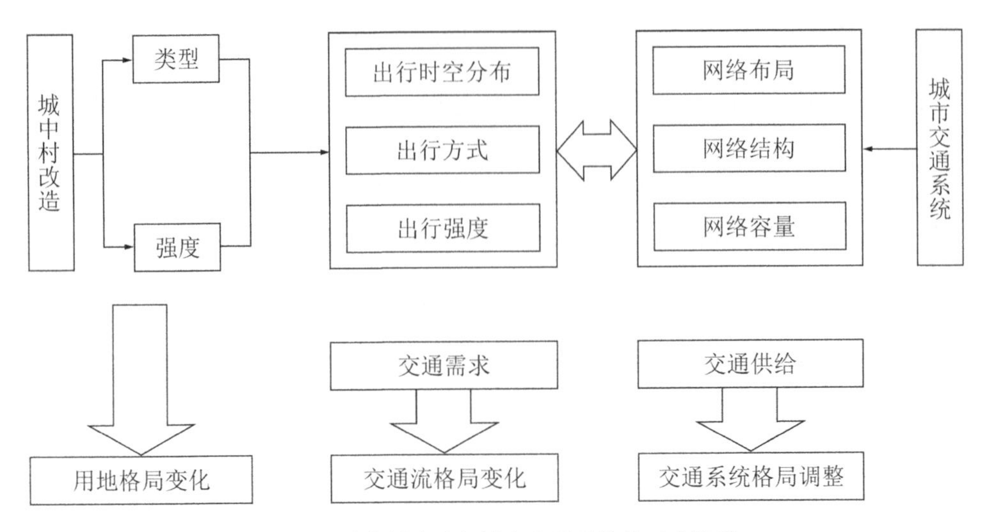

图 2-6　城中村改造与城市交通系统的互动关系

2.2.3　建成环境在出行决策中的角色

出行行为长期决策的形成是由该城市的经济、社会条件、风俗传统、当地交通行业的服务水平等长期因素造成的。当地居民在社会风气、传统习惯的熏陶下形成的一种固定的出行思维，其表现形式就是出行偏好，也就是说，偏好是长期决策形成的一种定式思维和习惯。当出行者遇到出行决策问题时，出行偏好就会立即出现在出行者的脑海。如果该出行偏好满足出行者的时空约束，出行者会选择该偏好，在这种情况下，出行偏好对出行者的决策就起到了很好的引导作用。并且在活动结束后，如果出行一切顺利，则这次出行会加强出行者对于该出行偏好的忠诚度；如果出行并不顺利，例如未按时到达或者道路拥堵时间较长，则会降低出行者对于该出行偏好的忠诚度。出行的短期决策是指出行者在出行当天，面对具体的出行选择问题而作出的决定。出行的短期决策与出行时的环境（例如天气、温度等）、出行心理、出行时间、出行目的、是否有人陪同等因素相关。偏好直接作用于出行的短期决策。出行的长期与短期决策和出行偏好三者的关系如图 2-7 所示。

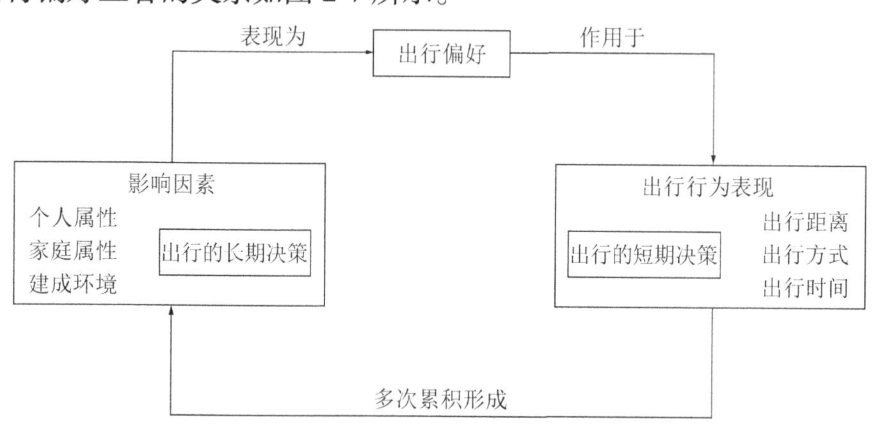

图 2-7 出行的长期与短期决策和出行偏好的关系

在此基础上，对于单次出行，出行者会根据自己的偏好以及搜索库进行搜索，形成单次出行决策。出行偏好与单次出行决策过程示意图如图 2-8 所示。

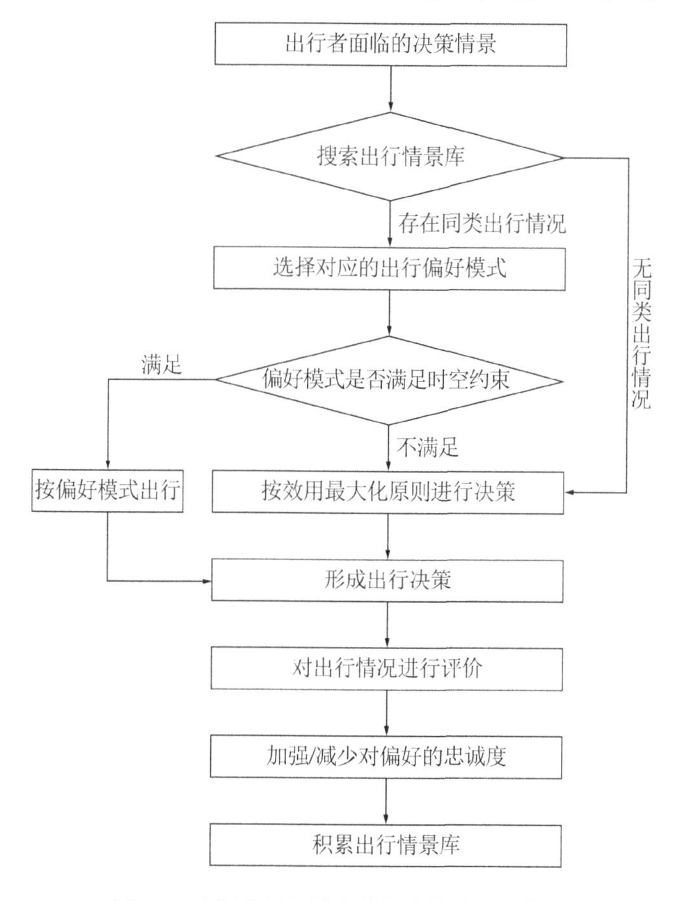

图 2-8 出行偏好与单次出行决策过程示意图

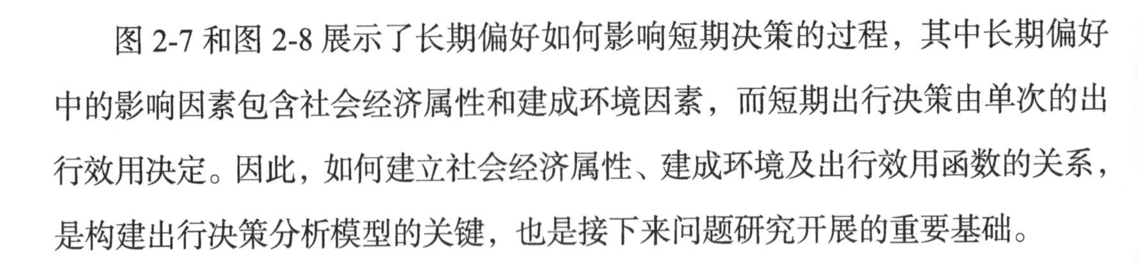
图 2-7 和图 2-8 展示了长期偏好如何影响短期决策的过程，其中长期偏好中的影响因素包含社会经济属性和建成环境因素，而短期出行决策由单次的出行效用决定。因此，如何建立社会经济属性、建成环境及出行效用函数的关系，是构建出行决策分析模型的关键，也是接下来问题研究开展的重要基础。

2.3　数据调查与处理

本书选取深圳市作为研究案例城市，主要原因在于深圳市是城中村发展迅速、存量较大的典型城市，同时城中村改造、出行难题和城市发展之间的矛盾亟须解决。

深圳是我国经济特区、国家副省级计划单列市，也是改革开放的重要窗口和典型代表。经济特区建立前的 1979 年，深圳是一个地区生产总值不足 2 亿元人民币的小镇，而截至 2022 年底，深圳常住人口达到 1766 万，地区生产总值总量超过 3.24 万亿元人民币，年均增长达到 37%。其中，人均地区生产总值超过 18 万元，位列全国第一。深圳是全国人口密度最大的城市，达到 1.7 万人/km^2，是全国平均水平的 41 倍左右。而从世界范围内看，深圳的人口密度排在世界第六。城市人口的快速增长和经济腾飞离不开土地资源的支撑。改革开放以来大量农用地被开发建设，深圳已经成为一个土地资源极度紧缺的城市。目前深圳土地开发强度已经超过 50%，新增建设用地极为紧张。受限于土地资源紧缺的影响，近年供地计划逐步推动，对低效土地资源二次开发，实现从“做大增量”到“盘活存量”的转变。

目前，深圳土地资源紧张的问题日益凸显，剩余开发的土地面积已不足 20km^2，每年新增用地面积不足 2km^2。而全深圳总面积有 1997km^2，即深圳能开发的土地仅有 1%。同时，深圳又面临着外来人口不断涌入、人口住房需求高速增长的局面。因此，在面临土地资源紧张和人口高速增长的双重压力下，解决住房供给来源问题尤为重要。根据深圳 2020 年建筑普查数据，深圳目前有城中村建筑 346005 栋，总占地面积达到 $44km^2$，总建筑面积达 $212km^2$。相比较而言，商品房为 70460 栋，总占地面积为 $1.2km^2$，总建筑面积为 $39km^2$。据深圳市住房和城乡建设局统计数据，截至 2023 年初，全市住房总量增加至约 1082 万套（间），其中包括城中村住房 507 万套、保障房 51 万套、工业宿舍 183 万套、公寓等其他住房 97 万套、单位自建房 55 万套，而商品房只有 189 万套左右。深圳房屋类型数量分布如图 2-9 所示。

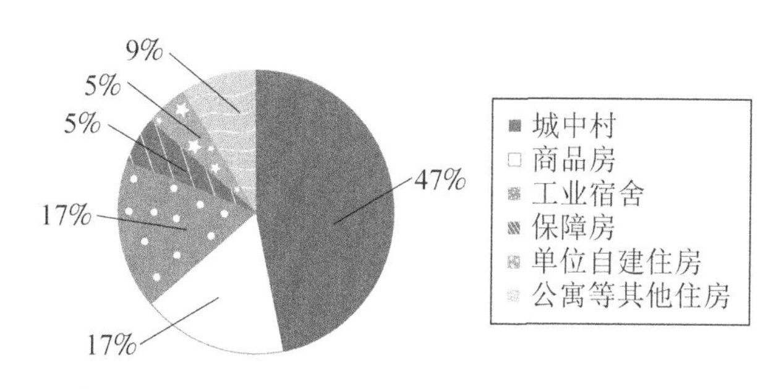

图 2-9　深圳房屋类型数量分布

由以上统计数据可以发现，在深圳存量住房结构中，城中村住房占比过高的问题比较突出。下一步住房供给来源的重点工作思路是城中村改造。就深圳而言，城中村存在的最直接原因就是深圳外来人口的居住问题，因此城中村中外来人口的数量占据绝对优势。深圳城中村中流动人口的数量通常是常住人口的十几倍之多，70%左右的人口居住在城中村。在人们的固有印象中，城中村中租住的人口大多为从事体力劳动的低收入人群。城中村形成初期，租户基本为工厂打工者，至今还有很多相关群体租住。但是如今深圳的城中村已经成为大多数来深圳打拼群体的落脚之地。城中村便利的交通、便宜的住宿、相对完善的生活配套，解决了很多人就近工作的问题，成为大多数租房人的首选。而在接下来城中村改造过程中，将会涉及大规模、多类型人口的出行结构的改变，进而影响城市交通结构的改变。因此，在城中村改造背景下研究出行问题，将具有重要的实践意义，以深圳为研究对象也有重要的先导意义。

城中村现象在全国范围内普遍存在，其中以珠三角地区最为突出，而深圳又是最有代表意义的一座城市。深圳城中村的数量一直都是珠三角地区之冠，广州市域范围内有 277 个城中村，佛山市域范围内有 275 个城中村。深圳共有行政村 336 个，自然村 1044 个，用地总规模约 321km^2，其中现状建设用地 286km^2，占全市现状建设用地的总面积 1/3[79]。而且与其他城市相比，深圳的城市建成区占比最大，城市核心区相对最广，加之城市面积较小，所以深圳的城中村密度最大。无论是城市化的速度、经济发展的速度、人口流入的速度，深圳一直是全国之冠，因此深圳城中村的演变更加剧烈，问题也更具代表性。对深圳城中村更新的进一步探索，势必会对其他城市当下或未来所遇到的城中村改造问题起到一定的导向及示范作用。

据统计，深圳城中村分布于城市各个角落，为许多新毕业大学生、产业职工、基层服务人群提供了低廉的租赁住房，超过 800 万人口居住在城中村内。在深圳 40 多年的改革发展历程中，城中村在提供基本居住功能、吸纳保留就业人口、发展住房租赁市场中发挥着不可替代的重要作用。

在城中村更新改造策略方面，深圳的做法也具有一定的导向示范作用。第一，深圳的城市更新经验可能会成为全国推行的典型范式，有必要对深圳“更新试验”进行研究。深圳于 2004 年开始探索城中村和工业区改造，到 2009 年首次颁布《深圳城市更新办法》《深圳城市更新实施细则》，开启了城市更新制度化的进程，提出政府引导、市场运作、公益优先、合作共赢的模式。目前来看，其更新政策实施取得较好效果，城市更新“深圳模式”连续五年获得广东省政府考核奖励，已作为改革成果被国土资源部（现自然资源部）认可，为国家规划、土地管理制度的改革创新提供了实践经验，对其模式研究利于城市更新在全国范围内因地制宜推广。

从共性上看，深圳城中村更新的探索具有一定先导作用，但是从个性上看，深圳的城中村问题又具有自身特点。深圳是我国快速城市化的标本，2004 年，深圳市实现全面城市化，成为我国第一个没有农村的城市，但由于城市化用地转换不彻底，导致了大量城中村的产生。另外，深圳又是典型的移民城市，外来人口的快速增长导致住房需求旺盛。城中村村民在租金收益的激励下不断加建和改建，推动了“城中村”非正规住房的发展。因此，以深圳为研究对象具有典型性。

第一，从时间发展上，深圳市作为我国改革开放以来设立的第一个经济特区，短时间内从一个仅 2 万余人口的小渔村发展成为了目前超过 1700 万常住人口的特大都市，发展速度遥遥领先。在经济高速腾飞的同时，深圳市的土地资源也飞速耗尽，以“土地换资本”的经济发展模式无以为继。在此背景下，深圳的发展越来越依靠城市更新为其提供存量土地。早在 2009 年，深圳便颁布了第一部地方性城市更新法规，并多次修改完善，其对城市更新的摸索走在我国前沿。

第二，从空间分布上，深圳城中村分布范围更广也更加分散。北京、上海、广州、西安这些大城市，城市建设史较长，会存在一个老城中心。虽然在快速发展过程中会形成多个城市副中心，这些副中心也大多有城市建设的痕迹。但是总体城市空间结构发展还是以老城为地理中心，逐渐向外圈层扩张，城中村也都是在这个过程中形成。所以，在这些大城市中，城市中心尤其是老城中心附近的城中村极少，城中村大多位于边缘区或中心区之间的间隔区。但是深圳不同，改革开放后设立深圳经济特区，分别在罗湖、盐田、蛇口进行建设，后期又设立福田中心区，这些城市中心区域原本并没有城市建设基底，在发展过程中或者拆村建设，或者在村子旁边平地而起。所以，深圳属于多中心并伴随旁边的村落同时发展，虽然在城市发展过程中，部分城中村拆除，但是整体空间布局特征并没有本质上的变化。因此，对深圳城中村更新策略的研究，不仅可以为其他城市提供参考，从个性上也是针对深圳城中村独有现象进行更新探索。

从改造模式来看，相较于拆除重建，综合整治类更新模式更加强调以公共利益为主导，政府投入较多，村民获利合理，企业保本微利。改造后的公寓以低于周边同类出租房的租金水平投放市场，减轻了青年人的住房压力。另外，从交通规划角度，综合整治类改造基本不改变现状人口结构，出行特征易于把握，可以在掌握片区出行需求特征的基础上更好地提供交通服务。因此，综合整治是当下城中村有机更新的重要发展方向，本书研究将建立在城中村综合整治改造模式基础上，探讨综合整治过程中改善出行环境的关键改造要素。

在界定本书交通出行的研究对象和城市建成环境所包含的要素指标以及确定研究区域之后，必须考虑如何获取这些具体的数据，使研究顺利进行。总体而言，本书中的城市建成环境与交通出行的数据资料主要来源于五方面：一是家庭出行调查，二是向相关部门收集的土地使用基础资料，三是城中村现场调查，四是通过开放街道地图（Openstreet map）收集的街道地图数据，五是 POI 数据。数据资料收集框架如图 2-10 所示。

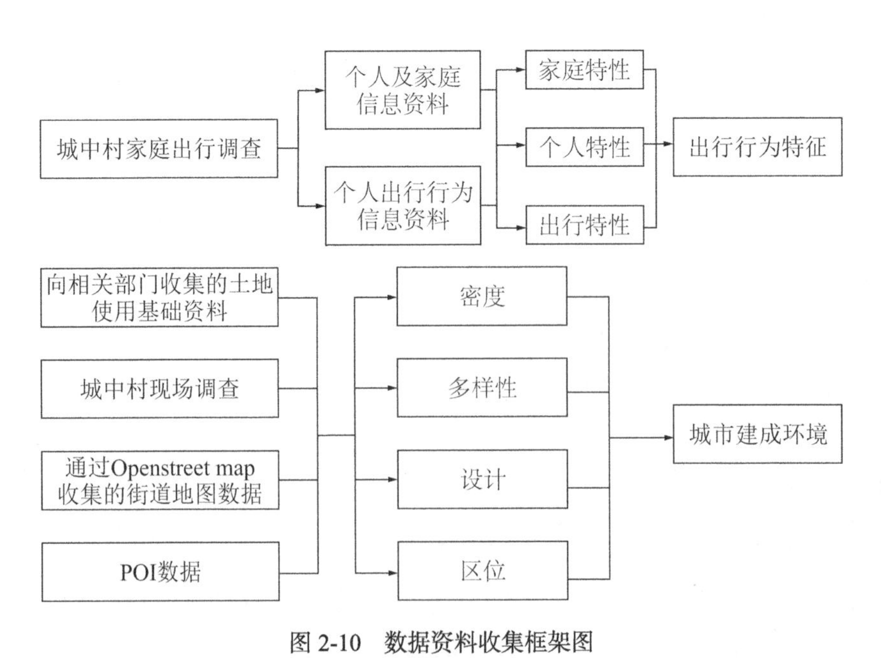

图 2-10　数据资料收集框架图

深圳重视城中村改造与交通出行的互动关系，最近一次于 2014 年针对城市终点更新片区专门进行了一次居民出行调查，本书利用此次调查数据作为研究案例。剔除样本数据的异常值和无效数据后，有效样本共包含316个居住社区，包括136个城中村居住社区和180个商品房居住社区，共调查家庭户数8238户，出行样本数35137。其中城中村社区调查样本数：家庭户数2721，出行样本数9698；商品房居住社区调查样本数：家庭户数5517，出行样本数25439，出行调查样本包含了136个城中村和180个商品房居住社区的居民出行特征信息、个人与家庭特征信息以及出行态度信息等；为保持数据年份的统一性，建成环境数据来源于深圳2014年土地利用数据，2014年建筑物普查数据以及2014年公交、轨道线网数据以及现场调查数据等。

2.4 本 章 小 结

本章首先通过对城中村的特征分析，把握城中村居民出行特征规律；其次，由于城市建成环境对交通出行的影响根源于土地使用与交通之间的相互关系理论，通过分析城中村改造中土地利用更新与交通出行的互动关系，解析出行行为的长期和短期决策中建成环境的作用；再次，鉴于城市建成环境可从多尺度解读以及建成环境指标要素需根据实际需要选择，归纳总结了城中村建成环境对交通出行影响的核心要素；最后，由于本书的研究问题属于典型实证研究问题，最后一节对研究案例选取的合理性以及数据来源进行了阐述，为后续研究的开展提供基础数据保障。

第3章

城中村建成环境对出行方式选择的影响

城中村改造过程中面临的核心交通规划问题之一，就是如何通过城中村建成环境的改变引导居民出行方式选择，促使出行者向绿色、低碳的公共交通出行和慢行模式转变。要回答这一问题，首先应明确城中村建成环境对出行方式选择行为具有怎样的影响。针对此类研究问题，传统的研究方法一般将出行者的社会经济属性、出行模式特征和社区的建成环境变量作为解释变量，将出行方式选择作为被解释变量，采用离散选择模型解析变量简单相关关系。本章提出将个人社会经济属性融入城中村建成环境对出行方式选择的影响分析过程中，通过小汽车拥有和出行距离的中介作用，建立外生变量（建成环境变量与社会经济变量）与结果变量（出行方式选择）的相关关系；通过捕捉内生变量的间接效应，揭示城中村建成环境对出行方式选择行为的影响机理。

3.1 SEM-Mixed Logit 整合选择模型

传统出行行为分析模型采用离散选择模型，利用效用函数将出行方案特性和出行者个人社会经济特性的客观、可测量的影响因素作为模型的解释变量。然而，单一的离散选择模型只能反映解释变量对出行方式选择的直接影响，不能反映变量之间通过其他要素对出行方式选择的间接影响。近年来，结构方程模型在交通研究领域广泛使用，处理变量之间复杂的内生和外生关系，同时处理直接和间接效应。陈坚等通过结构方程模型（Structural Equation Modeling, SEM）和因素分析法刻画个人社会经济属性、出行模式特征与出行方式选择之间的复杂结构关系，然后结合最大效用理论，对传统 Logit 模型的效用函数进行改进，构建了 SEM-Logit 整合模型[80]。该模型包括两个阶段：第一阶段为 SEM 模型，主要用于描述出行方式选择潜变量与其对应的观测变量之间的因果关系；第二阶段为多项 Logit（Multi-Nominal Logit, MNL）模型，用于表示选择某一出行方案的概率与影响该决策变量之间的非线性函数关系，整合模型的解释能力和精度较传统 Logit 模型有了一定提升。本章在此模型基础上，对该整合模型 Logit 模型部分进行改进，采用 Mixed Logit 模型替换传统的 MNL 模型，摆脱无关选择独立性（Independence of Irrelevant Variables, IIA）假设的束缚，进一步提高模型的解释精度。另外，在离散选择模型中，小汽车拥有和出行距离作为外生变量解释模型，即与社会经济变量、建成环境变量并列作为解释变量，但是小汽车拥有和出行距离本身也受社会经济属性和建成环境影响，利用结构方程模型的多维解释属性可以同时包含变量间的中介效应。

因此，本章采用 SEM 和 Mixed Logit 的整合选择模型，对城中村的出行选择行为进行分析，模型结构如图 3-1 所示。

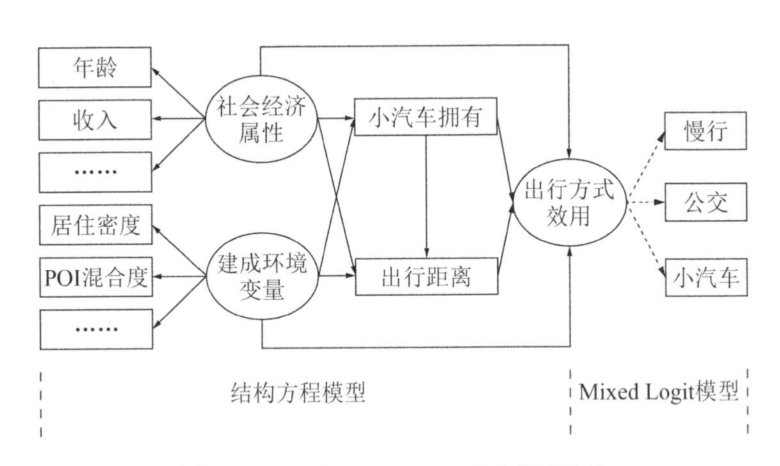

图 3-1　SEM 和 Mixed Logit 整合模型结构

整合模型的两部分的作用分别是：SEM 模型用于描述出行方式效用潜变量与其对应的观测变量之间的因果关系，以及中介变量的间接效应；Mixed Logit 模型用于表示选择某一出行方案的概率与影响该决策的出行方式效应之间的非线性函数关系，同时排除 IIA 特性的影响。下文分别对整合模型的两部分进行详细阐述。

3.1.1　结构方程模型

SEM 是在因子分析、路径分析基础上建立的一种多元统计方法，不仅能分析多层次变量之间的内在关系，同时允许模型外生和内生变量是可以无法直接观测的潜变量（如个体的态度、认知、偏好等）。结构方程的这一特点使其能够对抽象的概念或难以量化的影响因素进行定量分析，弥补了传统分析方法的不足。结构方程模型分析方法与其他类似因子方法比较见表 3-1。

表 3-1　因子分析方法比较

方法	功能	其他说明
探索性因子分析（EFA）	研究测量关系	适用于非经典量表
验证性因子分析（CFA）	研究测量关系	适用于经典量表
回归分析	研究自变量对一个因变量的影响关系	*Y* 为定量数据
路径分析	研究多个自变量与多个因变量之间的影响关系	可先用 CFA/EFA 确定因子与研究项关系，再进行路径分析
结构方程模型	研究影响关系及测量关系	结构方程模型包含两部分：验证性因子分析和路径分析

出行行为分析的多个因变量之间存在相互影响的联系，而在普通的回归分析或路径分析中，即使统计结果展示多个因变量，在计算回归系数或路径系数时，仍是对每个因变量逐一计算，而忽略了其他因变量的存在及其影响。而结构方程模型可同时考虑并处理多个因变量，同时检验模型中的显性变量、潜在变量、干扰或误差变量间的关系，进而获得自变量对因变量影响的直接效果、间接效果或总效果。具体而言，结构方程模型通过分析观测变量的相关矩阵，找到潜变量与观测变量的关系，可同时考虑和处理多个因变量，允许更大可变性的测量模型，可以很好地处理一个指标从属多个因子或因子间有复杂关系的模型，亦可寻找潜变量之间内在的结构关系，并估计整个模型的拟合程度。

内生变量与外生变量之间的复杂联系通过 SEM 表达，一般结构方程模型中包含结构模型和测量模型。结构模型反映各变量之间的逻辑结构关联，而测量模型反映解释变量与被解释变量之间的测量关系。

模型的基本形式如式(3-1)～式(3-3)所示。

结构方程式：

$$\boldsymbol{\eta} = \boldsymbol{B}\boldsymbol{\eta} + \boldsymbol{\Gamma}\boldsymbol{\xi} + \boldsymbol{\zeta} \tag{3-1}$$

测量方程式：

$$\boldsymbol{X} = \boldsymbol{\Lambda}_x\boldsymbol{\xi} + \boldsymbol{\varepsilon} \tag{3-2}$$

$$\boldsymbol{Y} = \boldsymbol{\Lambda}_y\boldsymbol{\eta} + \boldsymbol{\delta} \tag{3-3}$$

式中：$\boldsymbol{\eta}$——内生变量矩阵，$\boldsymbol{\eta} = \boldsymbol{L} \times 1$；

$\boldsymbol{\xi}$——外生变量矩阵，$\boldsymbol{\xi} = \boldsymbol{K} \times 1$；

$\boldsymbol{B}$——内生变量的系数矩阵，$\boldsymbol{B} = \boldsymbol{L} \times \boldsymbol{L}$；

$\boldsymbol{\Gamma}$——外生变量的系数矩阵，$\boldsymbol{\Gamma} = \boldsymbol{K} \times \boldsymbol{K}$；

$\boldsymbol{\zeta}$——内生变量的残差矩阵，$\boldsymbol{\zeta} = \boldsymbol{L} \times 1$；

$\boldsymbol{X}$——$\boldsymbol{\xi}$的观测值构成的向量；

$\boldsymbol{Y}$——$\boldsymbol{\eta}$的观测值构成的向量；

$\boldsymbol{\Lambda}_x$——$\boldsymbol{X}$与$\boldsymbol{\xi}$之间的荷载因子；

$\boldsymbol{\Lambda}_y$——$\boldsymbol{Y}$与$\boldsymbol{\eta}$之间的荷载因子；

$\boldsymbol{\varepsilon}$——$\boldsymbol{\xi}$的误差向量；

$\boldsymbol{\delta}$——$\boldsymbol{\eta}$的误差向量。

SEM 模型的建立与分析过程如图 3-2 所示。

结构方程模型的优势体现在以下四个方面：第一，可检验个别测验项的测量误差，并且将测量误差从题项的变异量中抽离出来，使得因素负荷量具有较高的精确度；第二，研究者可以根据相关理论文献或经验法则，预先决定个别测验题项属于哪个共同因素，或置于哪几个共同因素中，即测验量表中的每个题项可以同时分属于不同的共同因素，并可设定一个固定的因素负荷量；第三，可根据相关理论文献或经验法则，设定某些共同因素之间是否具有相关关系；第四，可对整体的共同因素模型进行统计上的评估，以了解理论所构建的共同因素模型与研究者实际取样的数据是否契合。因此，SEM也是一种理论模型检验的统计方法。

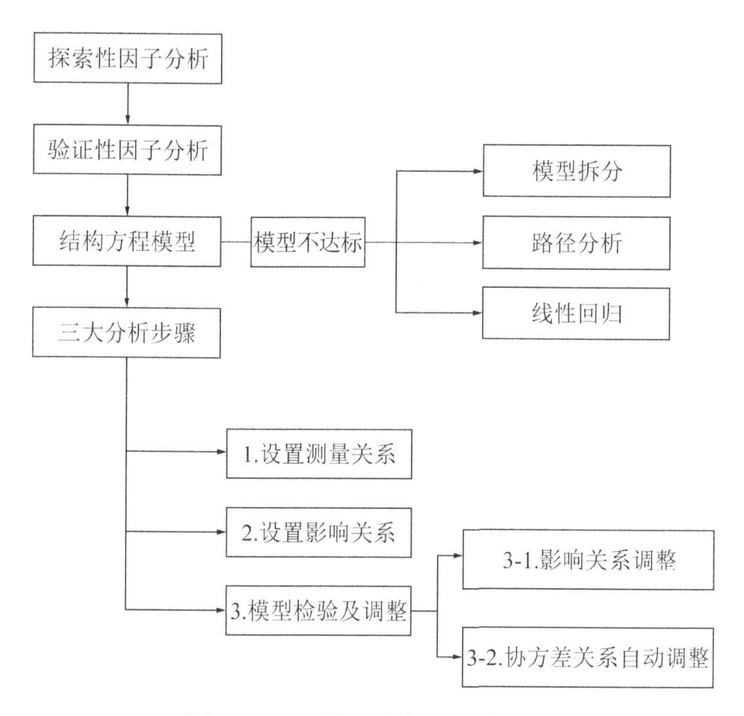

图3-2　SEM模型的建立与分析过程

本章采用的SEM方程严格定义为“联立方程模型”的结构方程模型组，其除结构干扰项（结构方程中的误差项而非显变量的测量误差）之外没有其他潜变量存在。这一模型中，一个结构方程的一些解释变量可能与方程的误差项相关。

3.1.2　Mixed Logit模型

离散选择模型是诸多学者研究城市建成环境对出行者选择决策行为影响的主要方法。该理论模型来源于微观经济学理论，基于出行决策者均为理性行为者的假设，认为出行者在选择决策时遵循最大效用的原则，即假定出行个体的决策行为是受一系列内在与外在因素的影响，出行者从最大效用的角度出发作出决策行为。在效用模型中，随机效用由确定性部分和随机部分构成：确定性部分考虑了研究群体出行决策行为中平均倾向的影响，而随机部分为观察不到的决策行为信息，反映群体出行决策行为中存在的差异。在基于随机效用理论的城市建成环境对交通行为的影响研究中，认为只要存在城市建成环境中的某些特征（如土地使用密度、路网结构、可达性等）与交通出行行为的“效用”相关，即不同的城市建成环境可以影响出行主体对某种出行模式或路径的“效用”大小，则可对城市建成环境的改变可能引起的交通出行行为的变化进行预测判断。决策者n从备选选择项集合中选择第i项方案的随机效用函数U_{ni}由确定项V_{ni}和随机项ε_{ni}两部分组成，分别为可观测因素和不可观测因素对选择效用影响，即：

$$U_{ni} = V_{ni} + \varepsilon_{ni} \tag{3-4}$$

方案被选择的概率是：

$$\begin{aligned} P_{ni}(i|C_n) &= P\left\{U_{ni} \geqslant U_{nj},\ \forall j \neq i\right\} \\ &= P\left(V_{ni} + \varepsilon_{ni} > V_{nj} + \varepsilon_{nj},\ \forall j \neq i\right) \\ &= P\left(V_{nj} - \varepsilon_{nj} < V_{ni} - \varepsilon_{ni},\ \forall j \neq i\right) \end{aligned} \tag{3-5}$$

上式表明，由方案间效用差值确定的相对效用直接决定了方案选择概率的大小，而非绝对效用值。效用确定项为属性向量的函数，常表示为带有常数项的线性函数：

$$V_{ni} = \boldsymbol{X}'_{ni}\boldsymbol{\beta} + C_i \tag{3-6}$$

式中：$\boldsymbol{X}_{ni}$——方案i的L维属性向量；

$\boldsymbol{\beta}$——对应的L维参数向量；

C_i——方案i对应的固有常数，描述了全部模型解释变量对效用整体影响的平均值。

对效用随机项ε_{ni}分布函数，Logit 模型的基本假设是效用随机项服从独立分布的耿贝尔（Gumbel）分布，基于这一假设下：

$$P_{ni} = \frac{e^{V_{ni}}}{\sum_{j} e^{V_{nj}}} \tag{3-7}$$

因此，个人n对出行方式i和出行方式j的选择概率的比值为：

$$\frac{P_{ni}}{P_{nj}} = \frac{e^{V_{ni}}}{e^{V_{nj}}} \tag{3-8}$$

可以看出，这一比值只与方式i和j有关，而与其他出行方式无关，这在很多情况下与事实不符。为克服 Logit 模型的 IIA 特性，Mixed Logit 采用 Logit 模型的积分形式，即：

$$P_{ni} = \int \frac{e^{V_{ni}(\boldsymbol{\beta})}}{\sum_{j} e^{V_{ni}(\boldsymbol{\beta})}} f(\boldsymbol{\beta})\, d\boldsymbol{\beta} \tag{3-9}$$

Mixed Logit 模型选择概率可以看作是 Logit 公式 $\boldsymbol{\beta}$ 在各不同取值处的加权平均，权重由概率密度$f(\boldsymbol{\beta})$给出，$f(\boldsymbol{\beta})$为某种分布密度函数，可以是正态分布，对数正态分布、均匀分布、三角分布等。可以根据具体情况对分布函数的形式作出选择。Mixed Logit 模型假定待估参数向量服从一定的分布形式，体现了个人对出行方式选择的喜好随机性特点。同时 Mixed Logit 模型也不具有由于IIA性质而引起的比值无关性缺陷。因此，Mixed Logit 模型中，个体选择项所获得的效用可以被分解为固定效用、随机效用和误差部分，可以表示为：

$$U_{ni} = X'_{ni}\boldsymbol{\beta} + \varepsilon_{ni} + \zeta_{ni} + C_i \tag{3-10}$$

与 MNL 模型相比，Mixed Logit 模型的效用函数增加了误差部分ζ_{ni}，误差项与允许选择项之间存在相关性，可以满足个体之间是不同质的特点，这也是 Mixed Logit 模型解决IIA 假设问题的关键之处。

3.1.3 SEM-Mixed Logit 整合模型构建

首先对整合模型作如下假设：

（1）出行者的方式选择行为是理性的，选择自认为最优的方案出行。

（2）方式选择的结果设定为慢行、公交出行和小汽车出行，但也可以根据实际情况设定选择结果，并不影响模型内容和求解方法。

（3）出行者对方案优劣的判断取决于效用函数U，该函数包括潜变量和显变量。

将结构方程模型的中介变量添加进 Mixed Logit 模型效用值的固定项V_{ni}，使效用函数V_{ni}既包括出行者的个人社会经济特性、城中村建成环境特征，又包括小汽车拥有和出行距离等中介变量，则改进的效用函数V_{ni}表示为：

$$V_{ni} = \sum_{l} a_{il} x_{ni}^{\mathrm{SE}} + \sum_{q} b_{iq} x_{ni}^{\mathrm{BE}} + c_i \eta_{ni}^{\mathrm{car}} + d_i \eta_{ni}^{\mathrm{dist}} + C_i \tag{3-11}$$

式中：x_{ni}^{SE}——出行者社会经济特征（Socio-Economic，SE）的观测变量；

l——社会经济观测变量的个数；

x_{ni}^{BE}——建成环境特征（Built Environment，BE）的观测变量；

q——建成环境观测变量的个数；

η_{ni}^{car}——小汽车拥有中介变量；

$\eta_{ni}^{\mathrm{dist}}$——出行距离中介变量；

a_{il}、b_{iq}、c_i、d_i——待估参数。

为确定中介变量的适配系数，需要通过 SEM 来描述外生变量与内生变量的相互关系。η_{ni}^{car}由个人社会经济观测变量和建成环境观测变量的全部或一部分观测变量表示（$r \leqslant l$，$k \leqslant q$）；$\eta_{ni}^{\mathrm{dist}}$由个人社会经济观测变量和建成环境观测变量的全部或一部分观测变量（$r' \leqslant l$，$k' \leqslant q$），以及小汽车拥有中介变量表示，如式(3-12)、式(3-13)所示：

$$\eta_{ni}^{\mathrm{car}} = \sum_{r} \lambda_{ir} x_{im}^{\mathrm{SE}} + \sum_{k} \beta_{ik} x_{ikn}^{\mathrm{BE}} + \zeta_{ni} \tag{3-12}$$

$$\eta_{ni}^{\mathrm{dist}} = \sum_{r'} \lambda'_{ir'} x_{ir'n}^{\mathrm{SE}} + \sum_{k'} \beta'_{ik'} x_{ik'n}^{\mathrm{BE}} + \theta_i \eta_{ni}^{\mathrm{car}} + \zeta'_{ni} \tag{3-13}$$

式中：x_{im}^{SE}——与小汽车拥有中介变量存在相互关系的个人社会

经济观测变量；

$x_{ir'n}^{\mathrm{SE}}$——与出行距离中介变量存在相互关系的个人社会经济观测变量；

r、r'——x_{im}^{SE}、$x_{ir'n}^{\mathrm{SE}}$的个数；

x_{ikn}^{BE}——与小汽车拥有中介变量存在相互关系的建成环境观测变量；

$x_{ik'n}^{\mathrm{BE}}$——与出行距离中介变量存在相互关系的建成环境观测变量；

k、k'——x_{ikn}^{BE}、$x_{ik'n}^{\mathrm{BE}}$的个数；

ζ_{ni}、ζ'_{ni}——误差变量；

λ_{ir}、β_{ik}、$\lambda'_{ir'}$、$\beta'_{ik'}$、θ_i——待估参数。

根据最大效用准则，出行者n对出行选择方式i的决策行为表达如下：

$$y_{ni}=\begin{cases}1，U_{ni}\geqslant U_{nj}，i\neq j\\0，其他\end{cases} \tag{3-14}$$

为降低上述所建模型的实际操作难度，在随机效用理论的基础上对形式进一步推导，以得到考虑了中介作用的离散选择模型的概率表达式，增加模型的实用性。

出行者从中选择方案的条件为：

$$U_{ni}\geqslant U_{nj}，i\neq j，j\in A_n \tag{3-15}$$

根据效用最大化理论：

$$\begin{aligned}P_{ni}&=P\left(U_{ni}\geqslant U_{nj}；i\neq j，j\in A_n\right)\\&=P\left(X'_{ni}\beta+\varepsilon_{ni}+\zeta_{ni}\geqslant X'_{nj}\beta+\varepsilon_{nj}+\zeta_{nj}；i\neq j，j\in A_n\right)\end{aligned} \tag{3-16}$$

上式中，$0\leqslant P_{ni}\leqslant 1$，$\sum\limits_{i\in A_n}P_{ni}=1$。

选择方案i的概率事件是指方案i的效用应大于集合A_n中除i以外的任一方案的最大效用值，因此上式可一步表示为：

$$
\begin{aligned}
P_{ni} &= P\left\{U_{ni} > \max(U_{nj});\ i \neq j,\ j \in A_n\right\} \\
&= P\left\{V_{ni} + \varepsilon_{ni} + \zeta_{ni} \geqslant \max(V_{nj} + \varepsilon_{nj} + \zeta_{nj});\ i \neq j,\ j \in A_n\right\} \\
&= P\left\{\left(\sum_l a_{il} x_{ni}^{\mathrm{SE}} + \sum_q b_{iq} x_{ni}^{\mathrm{BE}} + c_i \eta_{ni}^{\mathrm{car}} + d_i \eta_{ni}^{\mathrm{dist}} + C_i\right) > \right. \\
&\qquad \left. \left[\max \sum_l a_{jl} x_{nj}^{\mathrm{SE}} + \sum_q b_{jq} x_{nj}^{\mathrm{BE}} + c_j \eta_{nj}^{\mathrm{car}} + d_j \eta_{nj}^{\mathrm{dist}} + C_j\right];\ i \neq j,\ j \in A_n\right\}
\end{aligned} \tag{3-17}
$$

根据 Mixed Logit 的概率模型形式，得到 SEM-Mixed Logit 整合模型中出行者n选择方案i的概率为：

$$
P_{ni} = \int \frac{\exp\left(\sum_l a_{il} x_{ni}^{\mathrm{SE}} + \sum_q b_{iq} x_{ni}^{\mathrm{BE}} + c_i \eta_{ni}^{\mathrm{car}} + d_i \eta_{ni}^{\mathrm{dist}} + C_i\right)}{\sum_j \exp\left(\sum_l a_{jl} x_{nj}^{\mathrm{SE}} + \sum_q b_{jq} x_{nj}^{\mathrm{BE}} + c_j \eta_{nj}^{\mathrm{car}} + d_j \eta_{nj}^{\mathrm{dist}} + C_j\right)} f(\boldsymbol{\beta})\, \mathrm{d}\boldsymbol{\beta} \tag{3-18}
$$

3.1.4 中介作用假设

中介分析的目的是区分因果关系和非因果关系。当要素之间的相关关系可能既有直接的因果关系，又存在间接的非因果关系时，就需要进行中介作用分析。由此可见，中介作用分析并不总是必需的。许多具有解释意义的过程都可以从它们所导致的结果中推导出来。如果要进行中介分析，就必须有一个坚实的理论基础，因为相关性数据与得出因果关系这一目标之间的关系会掺杂着某种模糊性。

目前，在建成环境与出行方式选择关系研究领域中，多数研究并没有采取中介变量方法；而采用中介变量的研究中，主要是采用小汽车拥有和出行距离做中介变量[23,81]。本书研究涉及的变量主要是三类：社会经济属性变量、建成环境属性变量和出行决策变量。虽然中介变量是可以选择的，但是由于本书关注的是出行行为，且结果变量是出行方式选择，在此前提下，选取中介变量的原则是需要从三类变量中选取既受其他自变量影响（社会经济和建成环境）又能影响结果变量的变量。从理论层面来看，探索中介作用的目的是理解自变量对结果变量影响的具体过程。在发现了某些经验现象（即X看似影响Y）之后，通过理解这一经验发现的本质（即X如何影响Y），才能实现理论的发展和提升。

且中介作用，不仅是Y的自变量，包括X的因变量，需要满足以下三个条件：

$$M = \beta_1 + aX + \varepsilon_1 \tag{3-19}$$

$$Y = \beta_2 + cX + \varepsilon_2 \tag{3-20}$$

$$Y = \beta_3 + c'X + bM + \varepsilon_3 \tag{3-21}$$

式中： M——中介变量；

X——自变量；

Y——结果变量；

β_1、β_2、β_3、a、c、c'——待估参数；

ε_1、ε_2、ε_3——误差变量。

因此，中介变量必须是与自变量之间有相关关系的变量，且其选择有理论作为依托，不能简单地依靠逻辑推理，否则可能通过了实证检验，却不符合实际。

检验中介作用时，用结构方程模型拟合一个模型，直接路径和间接路径被同时拟合，当$X \rightarrow M$和$M \rightarrow Y$两个路径系数都显著时，就意味着存在某种程度的中介作用。如果两个路径中有一个不显著，分析就此停止，并得出不存在中介作用这一结论。

本书中在现有理论基础上选取的两个中介变量的所有影响路径都显著，验证了中介变量选取和中介分析的合理性。

3.1.5 模型参数估计

本章整合选择模型可以采用极大似然估计方法求解模型的未知参数。待估参数的极大似然函数的对数式为：

$$\max \sum_{n=1}^{N} \ln P_{ni} \tag{3-22}$$

将上式迭代三次（共有三种选择方案），可得到出行者n对应的选择指标向量y_{ni}的条件概率表达式为：

$$f_{y_{ni}} = \prod_{i=1}^{3} {P_{ni}}^{y_{ni}} \tag{3-23}$$

则模型的联合概率密度分布函数为：

$$f_{y_x} = \int f_{y_{ni}} f(\boldsymbol{X})\,\mathrm{d}\boldsymbol{X} \tag{3-24}$$

因此，模型待估参数的极大似然函数的对数式为：

$$\max \sum_{n=1}^{N} \ln P_{ni} \tag{3-25}$$

综上，本章构建的 SEM-Mixed Logit 整合选择模型的计算步骤如下：

（1）输入数据：将调查问卷得到的原始数据输入 SPSS 软件中。

（2）运用 AMOS 软件求解模型结构方程部分。先根据原始数据建立出行方式选择 SEM-Mixed Logit 外生变量、内生变量及选择结果变量之间的逻辑关系假设模型，导入 SPSS 原始数据，根据结构方程公式运用 AMOS 软件计算，得到结构方程的参数值，并由参数值得到选择效用变量的适配值。

（3）运用 STATA 软件计算 Mixed Logit 模型。将上一步骤中得到的各选择效用变量的适配值以及对结果变量具有作用的显变量值代入，求出各变量的系数。

（4）计算与检验t值。上一步中得到的估计结果包含了各内生变量和外生变量的值，如果有显著影响，将变量保留；如果某变量不会对选择结果产生影响，应该将该变量从 Mixed Logit 模型提出，返回上一步重新估计变量系数及计算t值，直到所有变量的t值均满足要求为止。

3.2 样本总体统计特征分析

在深圳重点改造片区居民出行调查样本中，将商品房小区样本作为对照组同步进行统计特征分析。

3.2.1 城中村居民出行统计特征

1）出行方式

在出行方式选择方面，无论是城中村居民还是商品房小区居民，都倾向于更多地选择非机动化出行和公交出行等低碳交通方式，而城中村居民的小汽车出行比例明显低于商品房小区居民。需要说明的是，此处的非机动化出行也可以称为慢行交通，包括步行与自行车出行，在城市交通出行分析中，尤其在引导居民采用“慢行＋公交”出行方式的研究中，一般将步行、自行车等慢速出行方式作为城市慢行交通的分析主体。另外，由出行方式统计特征可知，本书样本中的居民出行方式主要集中在非机动化出行、公交出行和小汽车出行，涵盖了近94%的城中村样本，近96%的商品房小区样本。因此，为方便模型计算，使模型结果简洁明了，本书集中分析三种主要出行方式，即非机动化出行、公交出行和小汽车出行。城中村居民与商品房小区居民出行方式比较如图3-3所示。

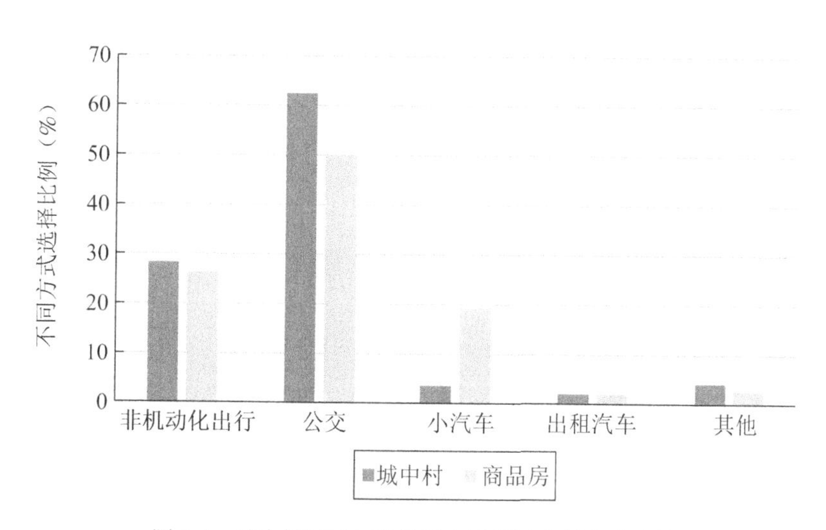

图3-3 城中村居民与商品房小区居民出行方式比较

2）出行距离

在出行距离方面，城中村居民和商品房小区居民表现出相似特征，有半数以上的出行是10km以内的较短距离出行，随着出行距离的增加，出行次数逐渐减少。城中村居民与商品房小区居民出行距离比较如图 3-4 所示。

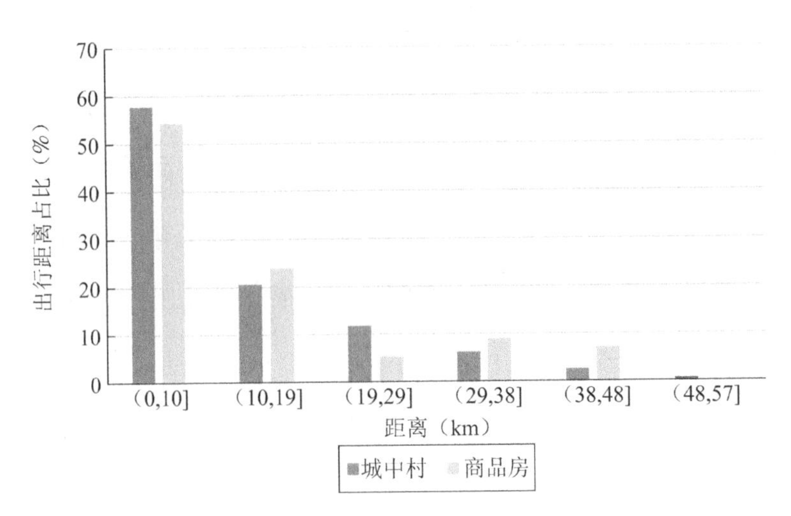

图 3-4　城中村居民与商品房小区居民出行距离比较

3）出行目的

城中村居民出行目的 90% 以上集中在通勤出行（包括上班和上学），比商品房小区居民的通勤出行比例略高。城中村居民与商品房小区居民出行目的比较如图 3-5 所示。

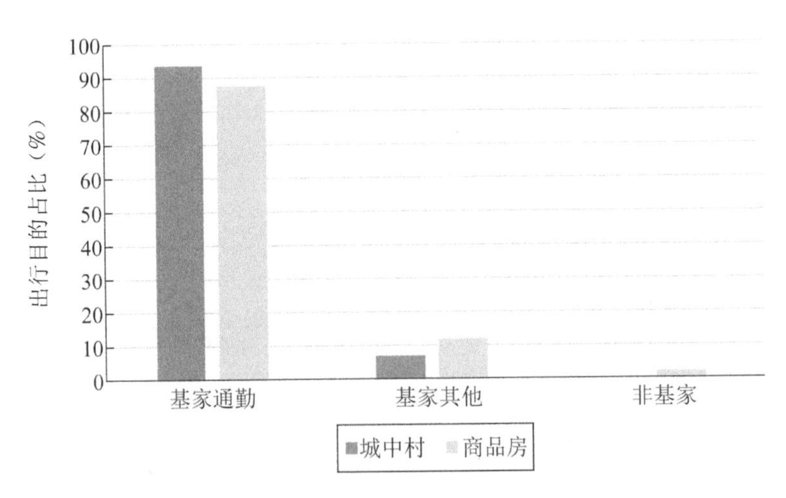

图 3-5　城中村居民与商品房小区居民出行目的比较

注：基家通勤指基于家的，以通勤为目的的出行；基家其他指基于家的，其他目的的出行（非通勤目的）；非基家指非基于家的出行。

3.2.2 居民社会经济特征

总体来看，居民社会经济属性中的大部分属性呈现近似正态分布。从年龄结构看，城中村居民和商品房小区年龄分布都较为明显地集中于中青年龄段，其中城中村16～35岁的比例占到68%，而商品房小区该年龄段占总人口的一半。从收入结构看，城中村居民收入集中在中低收入，近九成家庭年收入在15万元以下，其中又有近一半家庭年收入在8万元以下。家庭结构显示，城中村家庭的户均人数低于商品房小区家庭，两口之家占比最多，达到44%，说明大量城中村家庭家中可能无老人或儿童同住，这类人一天的活动安排更多集中在自身活动需求上，不需要考虑接送老人或小孩的出行需求，因此城中村居民的通勤出行比例应该更高。从家庭小汽车拥有情况看，城中村家庭和商品房小区家庭的拥车率都很低，且城中村家庭几乎都是无车家庭。样本社会统计学与经济属性变量见表3-2。

表3-2 样本社会统计学与经济属性变量

变量	城中村（$N=9698$）		商品房（$N=25439$）	
	样本数	比例	样本数	比例
年龄（岁）				
0～15（年龄1）	858	0.09	3488	0.14
16～35（年龄2）	6564	0.68	12753	0.50
36～59（年龄3）	2087	0.22	8028	0.32
60以上（年龄4）	189	0.02	1170	0.05
性别				
男性	4907	0.51	12398	0.49
女性	4791	0.49	13041	0.51

续上表

变量	城中村（*N* = 9698）		商品房（*N* = 25439）	
	样本数	比例	样本数	比例
家庭年收入（万元）				
(0,8]（收入 1）	4114	0.42	3257	0.13
(8,15]（收入 2）	4532	0.47	8487	0.33
(15,20]（收入 3）	738	0.08	5396	0.21
>20（收入 4）	314	0.03	8299	0.33
家庭结构（人）				
1（家庭结构 1）	1025	0.11	724	0.03
2（家庭结构 2）	4267	0.44	6835	0.27
3（家庭结构 3）	2892	0.30	10065	0.40
4 及以上（家庭结构 4）	1514	0.16	7815	0.31
家庭小汽车				
没有小汽车	9419	0.97	21197	0.83
有 1 辆小汽车	271	0.03	3427	0.13
有 2 辆及以上	8	0.00	815	0.03

3.2.3 建成环境特征

建成环境特征主要在城中村和商品房小区两个地理背景内进行统计，这样的划分方式是为了体现两种居住社区的差异性。根据已有研究，在统计个体层面的微观建成环境特征时，一般以 500m 半径为统计范围，相当于步行 5～7min 的可达范围[60-61]。从居民出行日志调查数据抽取受访者的家庭坐标，确定所在居住社区后，以该社区质心形成中心坐标点，再使用 ArcGIS 对中心坐标点生成

500m 半径的缓冲区，并统计缓冲区内的微观建成环境特征。中观层面建成环境指标通过居民自述以及作者测量方法得到。

由于本书的研究重点是城中村改造过程中涉及的建成环境要素，尤其是交通设施类建成环境的改造，因此在全面统筹建成环境 5Ds 要素的基础上，适当增加与交通设施供给类相关的建成环境指标。本章的建成环境指标主要从三个方面展开：第一，一般性指标，包括居住密度、建筑密度和 POI 混合度，其中 POI 混合度利用深圳 POI 数据中 15 个大类利用熵密度公式计算而得，15 个 POI 大类分别是餐饮服务、道路附属设施、风景名胜、公共设施、公司企业、购物服务、交通设施服务、金融保险服务、科教文化服务、商务住宅、生活服务、体育休闲服务、医疗保险服务、政府机构及社会团体和住宿服务；第二，交通设施供给类指标，主要包括公共交通站点密度、交叉路口密度、人行道比例、断头路密度；第三，活动性指标，包括到市中心的距离和到工作地的距离，其中到市中心的距离为居住社区到公共市中心的距离。以上所有建成环境指标中，居住密度和 POI 混合度主要用来衡量密度（Density）特征与多样性（Diversity）特征[5,14]；交通设施供给类指标主要用来刻画设计（Design）特征，反映道路连通性与街区尺度；公共交通站点密度用以反映公共交通站点可达性（Distance to transit）特征[21,78]；活动性指标中的到工作地和市中心的距离反映目的地可达性（Destination accessibility）特征。各个变量的统计特征见表 3-3。

表 3-3　建成环境变量统计

序号	变量名称	城中村				商品房小区			
		平均值	标准差	最大值	最小值	平均值	标准差	最大值	最小值
1	居住密度	12.513	3.622	15.362	10.547	7.218	2.020	10.341	3.107
2	建筑密度	0.633	0.215	0.712	0.561	0.364	0.147	0.498	0.293
3	POI 混合度	0.619	0.088	0.840	0.255	0.643	0.090	0.780	0.010

续上表

序号	变量名称	城中村				商品房小区			
		平均值	标准差	最大值	最小值	平均值	标准差	最大值	最小值
4	人行道比例	0.030	0.050	0.260	0.000	0.047	0.079	0.280	0.000
5	断头路密度	25.300	10.327	40.000	0.000	8.600	5.751	20.000	0.000
6	交叉路口密度	2.220	0.260	2.500	1.470	2.060	0.410	2.500	0.430
7	公共交通站点密度	60.800	18.313	80.000	28.000	69.600	16.317	100.000	56.000
8	到公共交通站点时间	8.420	3.070	19.000	2.000	8.210	2.870	17.000	1.000
9	到市中心距离	9.938	4.437	18.810	0.030	9.305	3.615	19.848	0.022
10	到工作地距离	5.633	4.437	15.364	0.000	8.936	4.562	25.369	0.301

建成环境变量的含义解释见表 3-4。

表 3-4 建成环境变量含义解释

序号	变量名称	含义（单位）
1	居住密度	缓冲区范围内单位面积的人数（万人/km^2）
2	建筑密度	缓冲区范围内建筑物的基底面积总和与占用地面积的比例（%）
3	POI 混合度	缓冲区范围内 15 类 POI 混合熵计算值
4	人行道比例	缓冲区范围内人行道宽度占道路宽度的比例（%）
5	断头路密度	缓冲区范围内单位面积断头路数量（个/km^2）
6	交叉路口密度	缓冲区范围内单位面积交叉口的个数（个/km^2）
7	公共交通站点密度	缓冲区范围内单位面积公共交通站点的个数（个/km^2）
8	到公共交通站点时间	步行到最近公共交通站点的时间（min）
9	到市中心距离	居住社区质心到公共市中心的距离（km）
10	到工作地距离	居民自述到工作地距离（km）

3.3 结 果 分 析

3.3.1 变量与模型先验分析

根据变量分析可知，解释变量主要为连续变量和哑变量，如果有两个或两个以上的解释变量之间存在线性相关关系，就会产生多重共线性问题。在这种情况下，模型参数估计值很容易产生偏倚进而导致错误的结论。因此，在模型参数估计前首先应检验样本的多重共线性问题。计算各个解释变量的方差膨胀因子（Variance inflation factor, VIF）是检验多重共线性的常用方法，一般认为当VIF > 10时，表明存在严重的多重共线性问题；当5 ⩽ VIF ⩽ 10时，表明存在多重共线性问题；当VIF < 5时，表明模型的多重共线性问题是可以忽略的。第i个解释变量的VIF计算公式如下式所示：

$$\mathrm{VIF}_i = \frac{1}{\mathrm{Tolerance}_i} = \frac{1}{1 - R_i^2} \tag{3-26}$$

式中：$\mathrm{Tolerance}_i$——第i个解释变量的容许度；

R_i^2——用其他解释变量预测第i个解释变量的复相关系数。

由公式可知，方差膨胀因子VIF_i为容许度的倒数，容许度的值越小，方差膨胀因子的值越大，说明第i个解释变量与其他解释变量之间存在共线性的可能性越大。将出行方式选择作为被解释变量，将个人社会经济变量和建成环境变量作为解释变量，通过线性回归判断各个解释变量之间的多重共线性，计算得到的各个解释变量的方差膨胀因子（VIF_i）。由表3-5可知，根据多重共线性的判断准则，选取变量之间的多重共线性问题可接受的，可进行下一步模型分析。

表 3-5 解释变量的方差膨胀因子（VIF）

模型变量	容许度（Tolerance）	方差膨胀因子（VIF）
个人社会经济变量		
年龄 1	0.281	3.560
年龄 3	0.445	2.249
年龄 4	0.652	1.534
男性	0.424	2.359
收入 1	0.776	1.288
收入 3	0.782	1.279
收入 4	0.761	1.314
家庭结构 1	0.697	1.435
家庭结构 3	0.632	1.582
家庭结构 4	0.628	1.592
建成环境变量		
居住密度	0.652	1.533
建筑密度	0.725	1.38
POI 混合度	0.671	1.491
人行道比例	0.931	1.075
断头路密度	0.481	2.078
交叉路口密度	0.348	2.874
公共交通站点密度	0.527	1.898
到公共交通站点步行时间	0.337	2.967
到市中心距离	0.498	2.008
到工作地距离	0.446	2.242

注：组别女性、年龄 2、收入 2 和家庭结构 2 设置为哑变量。

在此基础上，对整合模型中 SEM 部分的适配度进行检验，全部指标显示模型具备良好的拟合度，SEM 适配度结果见表 3-6。

表 3-6 SEM 适配度结果

模型适配度指标	参考值	城中村	商品房小区
Chi-square	—	1285.691	1827.125
Bollen-stine bootstrap P	> 0.05	0.268	0.197
GFI	> 0.9	0.936	0.973
AGFI	> 0.9	0.927	0.971
CFI	> 0.9	1.000	1.000

3.3.2 对中介变量的影响结果

依据构建的 SEM-Mixed Logit 整合模型，结合采集的案例数据，采用拟极大似然估计求解，模型结果见表 3-7。

表 3-7 城中村建成环境变量和个人社会经济变量对小汽车拥有和出行距离中介变量的影响

变量名称	小汽车拥有	出行距离		
	直接效应	直接效应	间接效应	总效应
社会经济变量				
男性	0.008**	0.039	0.002**	0.041**
年龄 1	−0.041	−0.007	−0.009	−0.016
年龄 3	0.026*	0.003	0.006	0.009
年龄 4	−0.066*	−0.097	−0.015	−0.112
收入 1	−0.360	−0.070	−0.083	−0.153
收入 3	0.252**	0.005	0.058	0.063

续上表

变量名称	小汽车拥有		出行距离	
	直接效应	直接效应	间接效应	总效应
社会经济变量				
收入 4	0.338**	0.022	0.078**	0.100**
家庭结构 1	−0.047	−0.013	−0.011	−0.024
家庭结构 3	0.029**	0.028	0.007	0.035
家庭结构 4	0.038*	0.075	0.009	0.084
小汽车拥有	—	0.231**	—	0.231**
建成环境变量				
居住密度	0.102**	−0.021*	0.024**	0.003**
建筑密度	0.248*	0.028	0.057*	0.085*
POI 混合度	0.026	−0.096*	0.006**	−0.090**
人行道比例	−0.367	−0.054	−0.085	−0.139
断头路密度	−0.046	−0.237	−0.011	−0.248
交叉路口密度	−0.092	−0.378	−0.021	−0.399
公共交通站点密度	−0.132**	−0.297	−0.030**	−0.327**
到公共交通站点步行时间	0.036*	0.326	0.008	0.334
到市中心距离	0.273	0.045	0.063	0.108
到工作地距离	0.329	0.013**	0.076	0.089*
R^2	0.537		0.493	

注：**表示显著水平为 5%、*表示显著水平为 10%，—表示模型中变量之间不存在联系。

在控制了社会经济变量之后，建成环境变量对小汽车拥有以及出行距离具有显著的影响（总效应）。这些影响有的是建成环境对小汽车拥有或出行距离的直接效应，有的则是通过影响小汽车拥有进而再转化为对出行距离的间接效应。

具体而言，对于城中村小汽车拥有，城中村建成环境表现出显著的直接效应。公共交通站点密度对小汽车拥有具有显著的负向影响，即公共交通站点密度能够显著降低城中村小汽车拥有，置信水平为95%；到公共交通站点的步行时间对小汽车拥有具有显著的正向影响，置信水平为90%，即到公共交通站点的步行时间越长，城中村小汽车拥有水平越高。这两项结果与以往大多数文献研究结果一致，提高公共交通的可达性可以通过吸引更多的公共交通出行减少小汽车出行需求，进而减少家庭小汽车拥有[82-83]。居住密度和建筑密度对小汽车拥有具有显著的正向影响，置信水平分别为95%和90%，即居住密度、建筑密度越高，小汽车拥有率越高。这一结果与国外既往大部分研究的结果并不一致，但与国内学者柴彦威等[27]的研究结论一致。国外大部分学研究显示，居住密度和土地利用混合度的提高可以有效减少小汽车拥有[84-86]。这说明，密度对中国城市居民小汽车拥有的影响与西方国家不一致，很可能是因为中国城市过高的人口密度导致产生与西方城市相反的影响效应，具体可能原因是人口密度过高导致人均公共交通设施可获得性非常低，从而不得不通过购买小汽车来满足机动化出行需求，也反映出城中村的公共交通设施不能满足公交出行需求。其他建成环境变量对城中村小汽车拥有并未表现出显著影响。

在社会经济特征方面，城中村男性比女性的平均小汽车拥有水平更高。家庭收入是影响小汽车拥有的显著因素，相对于中等收入家庭而言，高收入家庭拥有小汽车的概率显著较高，而低收入家庭收入对小汽车拥有无显著影响，这与大多数先前研究一致[1,87-88]。事实上，家庭收入决定了小汽车的购买、维修和日常使用成本[23]。年龄也是城中村小汽车拥有的显著影响因素，与年轻人和老年人相比，中年人拥有小汽车的倾向更大，这可能是因为中年人拥有更高的购买力。另外，家庭结构也显著影响小汽车拥有，家庭人口数越多，拥有小汽车的概率越大。

就城中村出行距离而言，城中村建成环境表现出显著的直接效应，并通过小汽车拥有的中介作用表现出显著的间接效应。首先，从直接效应来看，居住密度、POI 混合度、到市中心距离以及到工作地距离都能显著影响出行距离。其中，居住密度和 POI 混合度对出行距离表现出显著的负向作用，即居住密度和 POI 混合度越高，出行距离越短，这与国内外大部分的研究结果一致。到工作地距离对出行距离表现为显著正向影响，即到工作地距离越长，出行距离越长，这与城中村居民的出行目的特征表现一致，城中村居民 80%以上出行为通勤出行，因此职住距离很大程度上决定一次出行距离。

由于整合模型中小汽车拥有被设定为出行距离的中介变量，建成环境通过对小汽车拥有的中介作用对出行距离产生间接影响。以建筑密度为例，建筑密度对出行距离没有表现出显著的直接影响，但是建筑密度对小汽车拥有表现为显著直接影响（0.248），同时小汽车拥有对出行距离有显著直接影响（0.231），因此建筑密度通过对小汽车拥有的中介作用对出行距离产生间接影响（$0.057 = 0.248 \times 0.231$）。这一结果表明，虽然城中村出行距离最终表现为受到建筑密度的影响，但是其内在机制是通过小汽车拥有的中介作用而不是建筑密度的直接影响。也就是说，如果没有小汽车拥有变量的调节作用，建筑密度对出行距离不表现显著影响。因此，若只关注建筑密度对出行距离的直接影响，可能会得出不一致的结论。同样，公共交通站点密度也是通过小汽车的中介作用对出行距离表现出显著的间接影响，而公共交通站点密度对出行距离没有显著的直接影响。

另外，居住密度和 POI 混合度对出行距离不仅表现为显著直接影响，同时通过小汽车拥有表现出显著间接影响。然而，两个变量间接效应的符号与直接效应的符号相反，因此居住密度总效应（$0.003 = -0.021 + 0.024$）和 POI 混合度总效应（−0.090 = − 0.096 + 0.006）小于直接效应，两个变量的直接影响程度被削弱，此时小汽车中介变量表现为“抑制作用”。甚至，居住密度的影响更大一部分是通过间接效应解释（间接效应绝对值大于直接效应绝对值），最终表现为对出行距离显著正向作用，即居住密度越大，出行距离越长，这与大部分以西方发达国家为研究背景的结论相反。而前文提到中国城市背景下，尤其是城中村背景下，居住密度远高于西方发达国家，在对小汽车拥有的影响上已经表现出截然相反的影响，在小汽车拥有中介作用程度更大的影响下，居住密度总效应与间接效应的影响方向一致。如果忽略中介变量的影响，可能会得出相反的结论。此结果也表明虽然城中村小汽车拥有水平低，但是控制小汽车数量的效果却十分显著。

值得注意的是，居住密度和建筑密度越高，出行距离越长。这点与西方研究结论相反，可能与城中村自身特点有关。第一，居民密度高的城中村更倾向于通过更低的居住成本吸引人们居住在远离工作地的宝安、龙岗、光明、龙华、坪山和大鹏新区地区；第二建筑密度高的城中村可能存在道路条件差、断头路多等问题，导致出行绕行距离长。

另外，POI 混合度对出行距离表现为显著的负向总效应，即 POI 混合度越高，出行距离越短，这与既往大部分研究结论一致。但是，不能忽视在小汽车拥有的中介作用下表现出的反向间接效应。考虑到小汽车拥有在调节建成环境变量对出行距离影响的重要作用，在制定相关交通改善政策时不仅要考虑调整相应建成环境，也要同步重视降低小汽车拥有。

在社会经济特征方面，男性以及高收入（收入 > 20 万元）城中村居民的出行距离更长，且这种影响主要通过小汽车拥有的中介作用间接作用于出行距离。

3.3.3 对出行方式选择的影响结果

建成环境变量对城中村居民出行方式选择的影响结果见表 3-8。在控制了出行者的社会经济变量后，建成环境对出行选择行为仍有显著的直接影响。

表 3-8　建成环境变量对城中村居民出行方式选择的影响结果

变量名称	公交出行			慢行		
	直接效应	间接效应	总效应	直接效应	间接效应	总效应
社会经济变量						
男性	−0.007**	0.006*	−0.001*	−0.005*	−0.017*	−0.022*
年龄 1	0.015	0.007	0.022	0.012	0.016	0.028
年龄 3	−0.153	−0.005	−0.158	0.146	−0.010	0.136
年龄 4	0.009*	−0.005	0.004*	0.012*	0.058	0.070*
收入 1	0.077*	0.058**	0.135*	0.096*	0.143*	0.239*
收入 3	−0.023	−0.049	−0.072	−0.072	−0.083	−0.155
收入 4	−0.005	-0.063	−0.068	−0.007*	−0.118*	−0.125*
家庭结构 1	0.025	0.007	0.032	0.023	0.020	0.043
家庭结构 3	−0.036	−0.001*	−0.037*	−0.038	−0.020	−0.058
家庭结构 4	−0.258	0.006	−0.252	−0.260	−0.041	−0.301
建成环境变量						
居住密度	0.005	−0.024*	-0.019*	0.032	−0.025	0.007
建筑密度	0.006	−0.044*	-0.037*	−0.045*	−0.026*	−0.071*
POI 混合度	0.083	−0.023*	0.060*	0.276*	0.028**	0.304**
人行道比例	0.028	0.062	0.090	0.339**	0.139	0.478**
断头路密度	−0.017*	−0.035	−0.052*	−0.254**	0.105	−0.149*
交叉路口密度	0.081	−0.052	0.029	0.213**	0.174	0.387**
公共交通站点密度	0.267*	−0.029	0.238*	0.117	0.156*	0.273*
到公共交通站点步行时间	−0.313**	0.054	−0.259**	−0.428	−0.136*	−0.564*

续上表

变量名称	公交出行			慢行		
	直接效应	间接效应	总效应	直接效应	间接效应	总效应
建成环境变量						
到市中心距离	0.055*	−0.045	0.010**	−0.212	−0.106	−0.318
到工作地距离	0.087*	−0.062	−0.025*	−0.197**	−0.111*	−0.308**
中介变量						
小汽车拥有	−0.283*	0.043**	−0.240**	−0.147**	−0.088**	−0.235**
出行距离	0.186**	—	0.186**	−0.382**	—	−0.382**
LLR	5369.244	/	/	/	/	/
AIC	10586.839	/	/	/	/	/

注：**为显著水平为5%，*为显著水平为10%，—为模型中变量之间不存在联系，/为无数据。

首先，相较于小汽车出行选择而言，提高公共交通站点密度可以促进公交出行选择，抑制小汽车出行选择；相似地，到公共交通站点步行时间对公共交通出行选择表现为显著的负向影响，即缩短到公共交通站点距离可以有效鼓励对公共交通出行的选择。断头路密度对城中村公交出行选择表现为显著的负向直接影响，即断头路密度越高，城中村居民公共交通出行选择的概率越低，因此可以推断在城中村改造中，打通断头路是优化交通出行结构的有效措施。另外，到市中心距离和到工作地距离越长，城中村居民公共交通出行的选择概率越大，这与以往普遍认知的到市中心和工作地的距离越长会促进小汽车出行的选择相反，可能原因主要有三点：第一，城中村居民的小汽车拥有水平较低，导致长距离出行中以更大概率选择公共交通出行；第二，案例城市（深圳）与以往大部分以美国、加拿大城市为实证背景的研究相比，城市轨道交通体系较为发达，且价格优惠，是城中村居民长距离出行的优先选择；第三，城中村居民普遍居住在邻近工作地的城中村社区，平均通勤出行距离（均值 5.6km）较短，因此通勤距离大概率在公共交通服务的合理范围内，且城中村居民可能存在公共交通出行选择偏好，在选择居住地时已经很大程度上决定了出行选择行为的表现，这种居住自选择效应将在下一章展开讨论。

在本章的模型框架中，小汽车拥有和出行距离发挥中介作用，对结果变量的出行方式选择产生影响。因此，建成环境和社会经济变量也通过小汽车拥有和出行距离间接影响公共交通出行方式选择。首先，从中介变量本身的影响来看，小汽车拥有本身以及通过出行距离中介作用对公共交通出行方式选择表现为显著负向总效应，即小汽车拥有水平越高，公共交通出行方式选择概率越小。然而，出行距离对公共交通出行方式选择表现为显著正向直接效应，即出行距离越长，选择公共交通出行方式的概率越大，而不是以往研究认为的选择小汽车出行的概率越大。这一结果可能原因与城中村居民的出行选择偏好有关，也可能受到居住自选择效应的干扰，将在下一章进一步分析讨论。

居住密度和建筑密度对公交出行选择的直接影响并不显著，但在小汽车拥有和出行距离的中介作用影响下，表现出显著的间接效应，分别为$-0.024 = 0.102 \times (-0.24) + 0.03 \times 0.186$，$-0.044 = 0.248 \times (-0.24) + 0.085 \times 0.186$。两者的显著总效应分别为$-0.019 = 0.005 - 0.024$，$-0.037 = 0.006 - 0.044$。因此，居住密度和建筑密度对城中村公交出行选择表现为显著负向影响，即居住密度和建筑密度越高，公共交通出行方式选择的概率越小，与西方发达国家研究结果不一致。分析原因可能与前文提到密度对出行距离的“反差式”影响一致：第一，居民密度高的城中村更倾向于通过更低的居住成本吸引人们居住在远离工作地的宝安、龙岗、光明、龙华、坪山和大鹏新区地区；第二，建筑密度高的城中村可能存在道路条件差、断头路多等问题，导致出行绕行距离长。

POI 混合度对公共交通出行选择的直接影响并不显著，但在小汽车拥有和出行距离的中介作用影响下，表现出显著的间接效应（-0.023），因此建成环境对公共交通出行方式选择的总效应为（0.060 = 0.083 − 0.023），表现为显著正向影响，即POI混合度越高，公共交通出行方式选择概率越大，与以往大部分研究结果一致。如果忽略了中介变量的间接效应，可能得到偏倚结论，误导交通政策的制定。

其次，慢行出行方式选择相较于小汽车出行选择而言，人行道比例、断头路密度和交叉路口密度通过直接效应对慢行方式选择产生影响。其中，人行道比例和交叉路口密度越大，越有利于促进慢行选择而放弃小汽车出行，这与以往大部分研究结论一致，适宜慢行的街区设计可以促进慢行出行选择。而断头路密度对慢行出行选择表现为显著负向影响，说明城中村断头路的存在不利于引导绿色出行。

城中村建筑密度、POI 混合度以及到工作地距离对慢行方式选择具有显著直接影响以及间接影响。其中，POI混合度越高、到工作地距离越近，越有利于促进慢行方式选择。而城中村建筑密度越高，反而抑制了慢行出行方式的选择，可能原因是城中村内各类密度过高的建筑会导致步行空间缩小，或者出现断头路阻断慢行交通。另外，公共交通站点密度和到公共交通站点步行时间通过小汽车拥有和出行距离的中介作用对慢行方式选择产生显著间接影响，公共交通站点密度越大，到公共交通站点步行时间越短，越有利于促进慢行方式选择，如果忽略中介变量的影响，则两者表现为对慢行方式选择无显著影响。

在社会经济影响因素方面，城中村居民中女性比男性更倾向于选择公共交通与慢行，且在小汽车拥有和出行距离的中介影响下，总效应的影响程度加强。老年人（年龄 > 60 岁）比年轻人以及低收入者更多地选择公共交通与慢行。在家庭收入方面，低收入者（年收入 0～8 万元）更倾向于选择公共交通和慢行方式出行，且在小汽车拥有和出行距离的中介影响下，总效应的影响程度加强，高收入者（收入 > 20 万元）倾向于选择小汽车出行。另外，3 人家庭更倾向于选择小汽车出行而非公共交通出行。

3.4 本章小结

为研究城中村建成环境对通过构建城中村出行选择行为的 SEM 和 Mixed Loigt 整合模型，将小汽车拥有和出行距离作为中介变量，研究建成环境对出行选择行为的直接效应、间接效应和总效应。SEM 和 Mixed Loigt 整合模型可描述出行行为不同部分的复杂关系，更全面地建立建成环境对出行选择的分析框架。模型结果表明，与传统方法相比，考虑了小汽车拥有和出行距离的中介作用，可以解析建成环境对出行方式选择的间接效应，在直接效应与间接效应的基础上得到建成环境的总效应，从而避免高估或低估建成环境的影响。

城中村建成环境对出行行为的影响在居住密度、到市中心距离和到工作地距离等方面与基于西方发达国家城市为背景的研究结果表现出不一致[8,84,85]，表明中国城市过高的人口密度表现出特殊性，基于这一特征需要深入研究。另外，本章结果与一项基于香港公租房的结果表现出一定的相似性[46]，表明建成环境在影响中低收入群体出行方式选择时有一定规律可循。城中村作为中低收入人口密集聚居地，为研究建成环境对出行方式选择行为影响的特殊性提供研究场景，为建成环境-出行行为研究知识体系提供有效补充，同时研究结果为城中村低碳出行导向的综合整治改造策略提供理论支撑。

本章结论符合局部小范围城中村改造时，尤其是在居民选择不搬离原住址时出行行为随着建成环境改变的变化规律。本章基于一种静态思维研究方法，这种情况下城中村居民住区的建成环境对出行行为模式表现出很强的引导效应。而对于另一类城中村居民——新流入人口或从同一城市的其他居住地点变更到此城中村的人口，这类居民有很大可能在选择居住地时，将自己的出行偏好作为一个重要考量因素，面临居住地与出行选择同时决策的问题，此时出行偏好的影响可能增强而建成环境的影响可能减弱，此研究问题将在下一章进行讨论。

第4章

城中村出行模式
与居住地选择联合决策

城中村的重要特点之一是人口具有高度流动性，租房人群既然选择了居住在城中村，证明其在成本节约偏好方面表现出一定规律。然而，在考虑了成本节约偏好的前提下，人们还会在多大程度上根据其出行能力、需求和偏好选择居住地点？此问题在建成环境与出行行为研究领域被称为“居住自选择效应”（Residential Self-Select, RSS）。尽管大量的研究已经证明了土地利用、建成环境对出行行为的影响，并基于此提出了利用城市布局政策促进更加可持续的交通出行的途径，然而，一些学者提出疑问：观察到的出行行为是归因于居住地址或建成环境，还是归因于居民的居住选择行为，即居民是否是主动性地选择居住地以满足对某种出行模式的需求。通过一个简单的问题描述，可以发现此领域研究的困惑所在：生活在适宜步行社区的人们步行更多，是因为建成环境引导他们这样做，还是因为偏好步行的人倾向于选择住宅有利于行使这种偏好的邻近社区？后一种现象称为居住自选择，即人们根据自己的出行需求和偏好选择居住地[37]。居住自选择混淆了建成环境与行为之间的关系，是建成环境–出行行为关系辨析中的关键问题，对土地利用和交通政策的效力具有重要意义。如果忽略居住自选择效应，极大可能会造成对城中村建成环境影响的高估。

居住自选择在出行影响变量中的体现在于与出行相关的态度偏好和社会经济属性方面，其影响产生的行为结果就是居住地和出行行为同时决策。通过构建包含潜变量的非递归异构数据通用模型，将多维度、多类型变量置于统一模型框架，对多类型变量的联合决策进行同步估计。

上一章建立在居住地已确定的前提下开展的城中村居住地建成环境对出行方式选择行为的影响研究，可以忽略居住自选择效应的影响。而本章将从居住地选择与出行行为同时决策的现实情况下出发，展开对多类型出行与居住选择变量的联合决策分析，除了要考虑上一章包含的建成环境要素，还要考虑居住自选择效应，将居住选择长期决策与出行行为长期和短期决策进行同步分析，其现实意义体现在从联合决策角度解析城中村人口高度流动性在“建成环境-出行行为”关系中的重要意义，对城中村特殊性通过模型量化方法进行抽象，并有针对性地指导城中村综合整治中的出行结构改善。

4.1 城中村居住自选择特征

居住自选择效应主要是指在居民选择住处时，强调与出行相关的态度和偏好的重要性，居民选择居住地的依据是出行的能力、需求以及偏好。居住自选择不仅是个人的喜好和态度引起的一种选择，也是受社会人口学特征定义的能力和需求的制约。居住自选择理论相对简单，主要基于三个基本假设展开，即人们的选择基于：①模型中包含的变量（包括变量之间的相互作用）；②模型中未包含的变量（包括它们之间的相互影响）；③存在于①和②中变量之间的相互作用。一个问题是③可能存在未观测到的变量可以与观测到的变量相关的情况[89]。在这种情况下，归因于观测变量的估计效果实际上可能部分或完全由于与它们相关的未观测变量引起。例如，偏爱公交出行的人将居住在更靠近公交站的地方[90]，忽略这种偏好会导致高估到公交站的距离这一建成环境变量对出行行为的影响。

近年来，一系列针对出行态度与居住自选择关系的研究验证了自选择假说。大多数研究表明，在进行“建成环境-出行行为”研究时，居住自选择效应是其中的一个显著干扰因素。然而，在控制了居住自选择效应后，建成环境变量对出行行为仍存在显著影响。Bhat 的一项研究通过分别量化居住自选择和建成环境对出行行为的影响，提出建成环境的贡献在 51%～81%之间，因此建成环境比居住自选择能更好地解释出行行为[91]。

关于居住自选择研究的两个重点考察因素分别是：①居住地选择考虑哪些因素；②与出行相关的偏好如何影响居住地选择。目前针对中国城市背景的研究，从某些角度揭示了建成环境与出行行为的表征关系，但是这种可观测的联系在何种程度上会归因于居住自选择还没有明确的定论。Wang 和 Lin 开创了中国城市背景下关于居住自选择效应的研究，提出了一项重要论述，认为中国独一无二的房地产市场产生的住房结构性问题对中国居民居住自选择的影响重大，西方研究中关于居住自选择的态度偏好相关结论对中国市场并不完全适用[92]。因此，从讨论居住自选择在中国背景下的特殊性入手，尤其是关注城中村的特点，发现城中村居民的居住自选择在“建成环境-出行行为”关系中的重要影响，具有重要意义。

4.1.1 居住地选择特征

居住自选择的关键是居民可以自由选择自己的居住环境，而且大多数情况可以找到自己喜欢的居住场所。在中国，住房自由度的定义和可研究范围非常广泛，也因此为研究建成环境与出行行为之间的因果关系以及居住自选择在这种关系中的重要性提供了丰富素材。

一般而言，中国城市居民的住房主要有三个来源：工作单位分配的住房，商品住房和公共住房[92]。王冬根从中国住房发展的历史梳理了住房来源的重要性：20 世纪 80 年代以前，城市住房的来源大部分是福利性住房，房屋由工作单位分配，个人几乎没有选择住房的自由，1988 年中国实施的住房制度改革从根本上改变住房制度，才开始中国城市多元化的住房来源[92]。房地产市场的兴起使得中国城市居民选择住所的自由度大大提高，可以根据自己的收入水平和偏好自由选择住所。

不同的住房来源对居住自选择效应的判断有重要影响。市场经济下正规住宅（多为商品房小区）的居民有最大程度的居住选择自由，原因是正规住宅在供给数量和多样性上的充足。而单位分配住房，由于受单位规章制度的规定，有很小的自主选择权。公租房的居民也没有充分的自主选择，因为通常情况下听从政府的分配和安排。鉴于住房来源的复杂性和各种住房来源下居住选择的特殊性，中国的住房来源问题对居住选择影响非常大，因而也对居住自选择效应的影响很大。因此，研究中国城市的自选择问题时需要了解住房来源，判断个人在选择住所时有多大程度的自由度。如果没有重视这个问题，可能会过高估计居住自选择的影响程度，也因此低估了城市建成环境的影响程度。在实证研究中，需针对不同类型的住房来源，重新衡量出行态度、出行行为和建成环境之间的关系。本书重点关注城中村住房来源。

在住宅发展过程中，另一类自建房屋也应时而生，通常被称作“私宅”。私宅房屋通常是为当地的城市流动人口提供住所，而这些居民通常受到自身购买力和政策因素的限制，居住的选择受支付能力的限制较大。这些私宅住所的居住环境通常都相对较差，通过出租的方式容纳了城市低收入者、外来务工人员以及流动人口，而私宅在珠三角地区通常表现为城中村建筑。本书调查样本中涉及的各类型住房来源如图 4-1 所示。

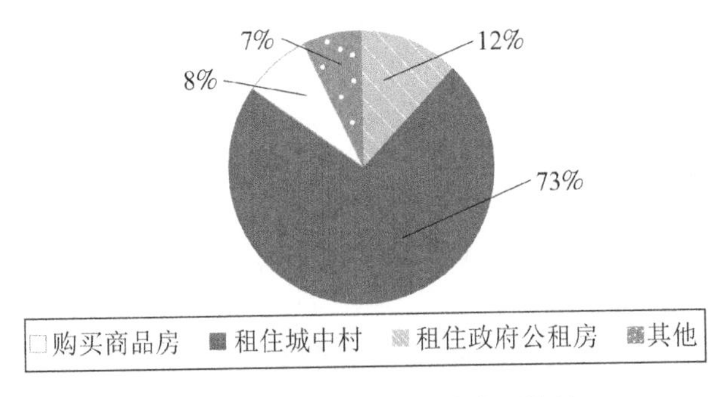

图 4-1 调查片区居民住房来源统计

与西方国家相比，中国城市居民在选择居住地时关心的要素有所不同，城中村居民的居住地选择要素差异更甚。与西方发达城市相比，中国城中村居民首要关注的是租房成本问题而不是居住舒适度、安全性等；与中国城市商品房小区尤其是自购房居民相比，城中村居民更少关注周边学校质量，对居住质量的要求也低，更关注通勤的便利性及公共交通的邻近度。

4.1.2 与出行相关的居住偏好表现

出行态度与偏好受多方面因素影响，包括个人社会与经济属性、社会认知和价值认同、文化熏陶及生活方式等。以往针对西方发达城市的研究中涉及的出行偏好主要包含距离高速公路的远近、居住社区的步行环境等要素[63]，中国城中村的出行态度也表现出一定的特殊性，本书将这些偏好归纳为三个主要方面，分别是对短距离通勤偏好、对公共交通邻近度的偏好以及对日常购物邻近度的偏好。

1）对短距离通勤的偏好

中国最早的居住-就业关系来源于单位福利分房，在这种体制下，居住地和就业地属于同一块用地，因此居住和就业非常邻近。这种历史渊源也形成了中国大城市最初的空间结构和建成环境的特征，同时也对居民对于就业和居住的邻近度、通勤的短距离形成了根深蒂固的印象。虽然住房改革打破了这种居住-就业邻近的空间格局，但是中国城市居民对于通勤短距离偏好始终维持，再加上相对较低的小汽车拥有水平，对工作地和居住地的短距离考量是居住选择的重要考虑因素。根据2009年对北京3481个家庭的出行调查数据，Zhao发现，一个家庭更加倾向于居住在就业可达性高和通勤时间短的社区。另一项对广州年轻上班族的调查发现，除了公共交通网络的邻近度，就业可达性是居住选择时重要的决定因素[93]。但是针对西方城市的研究却有不同的结论，到工作场所的距离并不是人们选择住所的重要决定因素[94]。这也再次验证了针对中国城市特点研究的必要性。

这种偏爱短途通勤可能对居住自选择和出行行为具有重要解释意义。例如，当个人表现出一种非机动化出行方式时，可能是因为他选择居住在这个距离工作地点近的社区，从而使得通勤距离短，进一步导致选择非机动化出行，而不是他本是偏好于非机动化的出行方式。进一步讲，我们所观察到的（测量出的）建成环境对出行行为的影响，可能不仅仅是建成环境影响的结果，同时也可能叠加了出行偏好的结果。为了检验这种偏好的影响，一个简单的方式是可以通过明确地询问受访者在居住选择是否将短距离通勤作为重要考虑因素。

对于城中村居民来说，邻近工作地是居住地选择时尤为重要的因素，因为城中村租住人口多为外来务工人口，流入城市的首要目的是就业，因此通勤出行是城中村居民的主要出行需求，邻近就业地的居住地选择偏好尤为明显。因此，城中村居民的短距离通勤偏好是其居住自选择的关键要素，需在出行调查中通过设计相关态度变量表征短距离通勤偏好。

2）对公共交通邻近度的偏好

虽然汽车保有量在中国经历了快速增长，但公共交通仍然是大部分中国城市居民主要的日常出行方式。根据2022年中国统计年鉴数据，即使超一线的城市，如北京和上海，人均小汽车保有率也只有28.5%和21.7%，距离美国85.0%的人均小汽车保有率还相距甚远。中国城市与美国城市在出行方式方面的主要差别之一，就是小汽车是北美城市居民的主要出行方式却不是中国居民的主要出行方式。因此，良好的公共交通可达性是中国城市居民在居住选择时考虑的重要因素。以中国各大城市为背景的实证研究大都提出公共交通可达性好的居住社区更受欢迎[15,83,95-100]。虽然欧洲和北美城市的居民可能也更愿意选择具有良好的公共交通社区，但这可能受到经济约束和出行态度的双重影响，即有可能即使在拥有私人小汽车的情况下，出于对环保等因素的考虑，也更加偏爱公共交通出行而主动选择公共交通出行方式。而在中国，引起这种现象更有可能是由于经济约束，因为大多数人并不拥有私人小汽车。所以在中国城市城中村背景下，居民的社会经济背景而非对公共交通的态度，可能会更好地解释与公共交通相关的居住自选择效应，对公共交通邻近度的偏好体现在个人社会与经济属性和公共交通出行偏好的双重效应上。

3）对日常购物邻近度的偏好

采用步行或自行车出行进行日常购物是居民非通勤活动的重要组成部分。

Choi 在对得克萨斯州奥斯汀的一项研究发现，对步行范围内商店的偏好对个人的步行购物出行有深刻影响，而这种影响也使得建成环境与步行出行之间的关系被高估[101]。然而，中国人和美国人之间的购物行为存在重要差异。大多数美国人每周进行一次大型购物，然而中国人的习惯是每天逛街买新鲜的蔬菜、肉类等，因为中国人认为食物的新鲜程度会影响它的味道以及健康程度，因此中国人的日常购物出行需求更加频繁。在这种文化差异背景下，中国人在居住选择时也会关注大型食品购物市场或日常用品商店的邻近程度，或者说对日常购物地点的偏好程度更高。而 Wang[95]和 Li[102]也通过对北京和广州实证研究中证实，农贸市场的邻近度是居住选择的重要决定因素。这种由对新鲜食品的购物需求造成的对食品市场或商品的邻近度偏好，对中国城市城中村背景下的出行行为研究有独特并显著的意义。当研究建成环境对日常购物出行行为的影响时，需要认真考虑这种消费文化引起的出行偏好与居住选择是否以及如何产生影响。

4.1.3 城中村居住自选择表现

由前文的阐述可以归纳出，城中村在居住选择方面主要表现为城市流动人口（外来务工人口）的租房选择行为，同时，城中村居民多为较低收入人口，小汽车拥有水平低。因此，结合对前文自选择表现的分析，城中村在居住自选择效应方面的特殊性主要表现在以下四个方面。第一，住房来源为租赁住房，在居住选择方面自由度相比商品房小区居民而言相对较低，受到自身社会经济属性的限制。第二，对短距离通勤偏好表现明显，城中村居民在选择租住城中村住房的区位时很大程度上是考虑就近工作的需要。第三，对公共交通邻近度的偏好表现明显，由于城中村居民的小汽车拥有水平明显低于商品房小区居民，所以城中村居民对公共交通出行的依赖程度也更高。第四，对日常购物邻近度的偏好属于一种中国人有别于人口密度较低的西方发达国家的特殊属性，城中村居民也不例外，也会表现出对日常购物邻近度的偏好。

因此，考虑居住自选择的城中村出行行为与居住地联合决策分析框架可表示为图 4-2。涉及的决策变量包括居住地选择、出行方式选择、出行距离以及小汽车拥有。

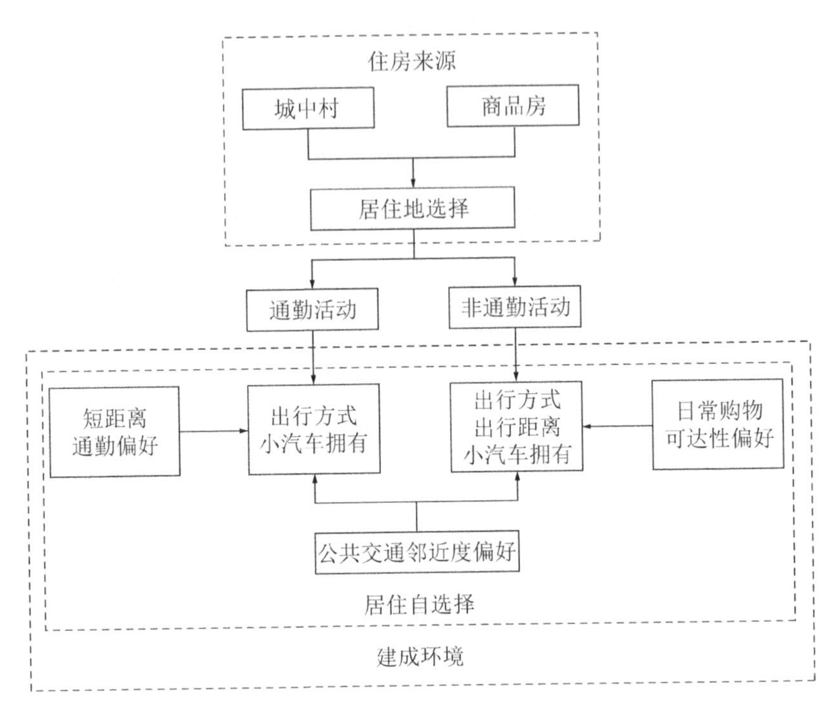

图 4-2　考虑居住自选择的城中村出行行为与居住地联合决策分析框架

4.2　非递归异构数据通用模型

如前文所述，本章模型框架结构涉及的决策变量包括居住地选择、出行方式选择、出行距离以及小汽车拥有。这其中包含连续型变量、分类变量以及次序变量等多种数据结构类型。关于多个连续变量的同步建模，在计量经济学领域已做大量工作，然而较少文献强调多个非连续变量的联合决策[103]。Bhat 对混合结构数据模型建模方法进行了回顾，并提出了一个相对通用的建模框架，他将其称为通用异构数据模型（Generalized Heterogeneous Data Model, GHDM）系统[52]。该方法是一种更精确地捕获因果效应的方法，该框架考虑了相关的未观察到的效应以及内生结果之间可能的因果相互关系。在该方法的基础上，本书将变量之间相互影响的非递归属性叠加到模型之中，建立适用于本章研究问题的非递归异构数据通用模型（Nonrecursive Generalized Heterogeneous Data Model, NRGHDM）。模型特点主要体现非递归性、异构性以及潜变量构造三个方面。

首先，在非递归性方面，在现实生活中，变量之间的关系有时并不简单，它们之间可能是互为因果的，此时路径分析的模型称为非递归模型。当城中村居民面临居住地与出行行为同时决策的情况时，居住地位置与出行行为变量之间的因果关系存在多种可能，可能是居住地位置影响了出行决策，也可能是出行决策影响了居住地位置，也可能两者互为因果关系。因此，当决策变量的相互关系不能确定时，需要采用非递归模型。递归模型没有相互关系或反馈环，方程干扰项之间也没有协方差（一个方程的干扰项与其他所有方程的干扰项都不相关），而非递归模型需要满足：模型的任何结果都直接影响另一结果（互反关系）或者方程系统的某一点存在反馈环（在一个因果路径中，一个变量能追溯到本身），至少存在干扰项之间是相关的[104]。从方法层面论证，整个社会科学领域的学者都注意到，通过观察数据所预测的模型很可能被一个或更多的预测变量带来的内生性所影响。虽然前人通常通过构建多重结果之间的互反关系和反馈回路，但是却低估了非递归模型所导致的内生性，或者是并未察觉到如何利用这模型解决这一问题。

其次，在数据的异构性方面，由于居住地的选择与出行距离、出行方式选择、小汽车拥有都密切相关，所以模型中出行行为的决策变量不再是单纯的出行方式选择，而是应该包含出行的多元属性。当同时考虑居住选择和出行决策时，存在多个需要同时决策的结果变量，包括居住地位置、出行方式、出行距离、小汽车拥有等。多维结果变量的联合建模一般都是连续结果的联合建模，但是在许多情况下，感兴趣的结果并非都连续，也不对称，本章涉及的结果含连续型变量（出行距离）、分类变量（出行方式选择和居住地选择）、计数变量（小汽车拥有）以及次序变量（态度变量李斯特量表）的混合。而结构方程模型一般要求是连续变量，要求多个变量之间服从多元正态性，分类变量显然不符合正态分布。例如第 3 章的整合选择模型中，结构方程模型部分得到的结果是连续型的效用值。而本章的结构方程模型结果变量涉及多种类型的数据，因此本章构建包含潜变量的异质数据非递归结构方程模型。

最后，在潜变量结构方面，本章涉及居住地选择的出行态度偏好问题，并具备相关的问卷调查做支撑，态度指标作为潜变量的指标变量。

基于以上三点，构建本章的理论分析框架，如图 4-3 所示。

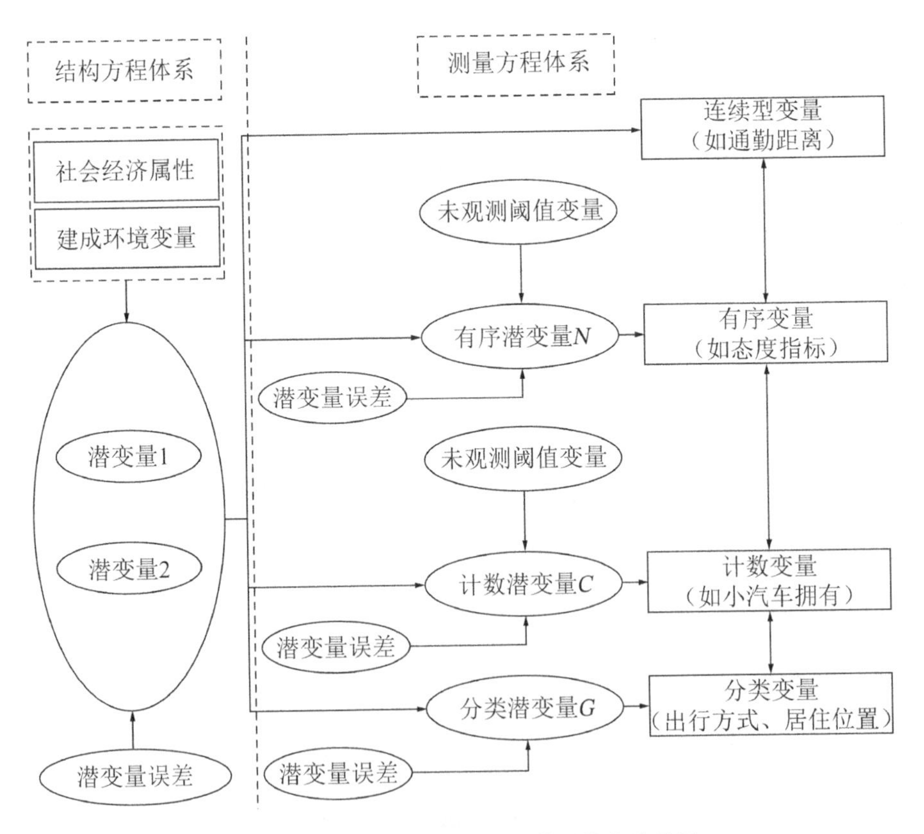

图 4-3　非递归异构数据通用模型设定路径图

接下来将从数据结构、线性相关假设、潜变量构造、模型结构和估计方法等方面对本章所构建模型进行详细阐述。

4.2.1 数据结构

出行活动具有复杂的多维属性，而国内外的大部分研究仅对一维的决策行为进行单独分析，其中出行方式选择作为衡量城市交通系统运行效率的重要指标，其研究最为普遍，这种方式将其他出行决策变量视为外生既定变量，但不予考虑各决策间的结构作用关系。近年来，已有学者开始关注出行联合决策问题，Yang 等建立交叉巢式 Logit 分析居住地位置、出行方式和出行方式的联合决策，发现当外部条件发生变化时，决策者倾向于首先改变出发时间，然后改变出行方式，最后改变居住地位置。尽管这种方式从建模和估计的角度来说比较方便容易，然而它简单地将多维活动-出行决策的制定看作一个序列过程，忽略了各决策行为的制定可能存在某种程度的同时性关系[105]。Islam 等在详细分析出行链结构和出行方式之间的关系时，发现对于工作日的工作出行链，出行链结构和出行方式同时被确定，这对将出行方式选择独立于其他活动-出行决策的分析方法提出了质疑[106]。现有研究已经证实各活动—出行决策并非相互独立，而是存在着非常复杂的影响和相关关系，也并非简单的嵌套关系，需要将它们作为一个“决策束”，将各决策维度间复杂的相互作用关系考虑进模型，建立联合决策模型进行集成分析。

基于前文对城中村出行行为的分析与界定，结合以往研究对出行行为结果变量的研究，本章拟对城中村出行行为决策中的出行方式选择、出行距离和小汽车拥有，以及居住地选择进行联合决策分析。结果变量之间不仅存在直接可见的结构关系，还被假定受到共性不可见因素的影响。这涉及研究数据的多维度属性、多类型属性及变量关系之间的复杂依赖性结构，这些问题都使得原先的单一数据类型的决策分析模型适用性降低，因此需建立混合数据类型的联合决策模型进行研究。

针对数据多类型结构问题，梳理本章涉及变量的数据类型，见表 4-1。

表 4-1　变量数据类型

变量类别	变量名称	数据类型	备注
出行结果变量	出行方式选择	分类	慢行；公共交通；小汽车
	出行距离	连续	取自然对数
	小汽车拥有	计数	家庭小汽车拥有数量
	居住位置选择	分类	居住地距离轨道交通站点：1. <500m；2. 500～1000m；3. >1000m
	态度指标	次序	态度变量李斯特量表：1. 非常不符合；2. 不符合；3. 不确定；4. 符合；5. 非常符合
建成环境变量（自变量）	人口密度	连续	取自然对数
	建筑密度	连续	取自然对数
	POI 混合度	连续	取自然对数
	人行道比例	连续	取自然对数
	断头路密度	连续	取自然对数
	交叉路口密度	连续	取自然对数
	公交站点密度	连续	取自然对数
	到公交站时间	连续	取自然对数
	到市中心距离	连续	取自然对数
	到工作地距离	连续	取自然对数
社会经济属性变量（控制变量）	性别	分类	0. 男性；1. 女性
	年龄	次序	1. 0～15 岁；2. 16～35 岁；3. 36～59 岁；4. 60 岁以上
	收入	次序	家庭年收入：1. (0,8]万元；2. (8,15]万元；3. (15,20]万元；4. >20 万元
	家庭结构	次序	家庭人口数：1. 1 人；2. 2 人；3. 3 人；4. 4 人及以上

4.2.2　线性相关假设

经过数据结构变换后，对变量间的线性关系进行假设如下：

（1）随机误差项是一个期望值或平均值为0的随机变量；

（2）对于解释变量的所有观测值，随机误差项有相同的方差；

（3）随机误差项彼此不相关；

（4）解释变量是确定性变量，不是随机变量，与随机误差项彼此之间相互独立；

（5）解释变量的样本观测值矩阵是满秩矩阵；

（6）随机误差项服从正态分布。

4.2.3 潜变量构造

潜变量主要应用于表示理论架构或对不能被直接观测变量的测量，例如人格特质、感情、社会地位等。不同的研究领域，潜变量有着不同的定义。在交通工程学科，潜变量可以包括服务可靠性、环境感知及出行方式的潜在偏好。通常来说，交通出行行为模型中仅考虑了可直接观测的变量，例如出行方式的特性（出行时间、出行费用等）和出行者个人的社会经济特性（年龄、性别、学历、收入等）。而相关研究表明，出行者对出行环境、方便性、安全性的感受同样对出行行为决策有着重要影响。

实际上，交通研究领域文献中，几乎所有通过收集少量态度指标的方法都结合了直观性、判断力和较早的研究来识别潜在构成，而不是采取因子分析方法来表达潜变量[107-109]。为构造本书居住选择中涉及的出行偏好的潜变量，首先通过文献回顾调查了关于影响出行方式选择、出行距离以及出行活动时间决策的出行态度[44,59,110]。这些研究中虽然要素有所区别，但是最终都趋同于两种态度潜变量：低碳生活方式倾向（Green Lifestyle Propensity, GLP）和奢侈生活方式倾向（Luxury Lifestyle Propensity, LLP）。低碳生活方式倾向侧重于关注如何节省金钱成本以及采取低碳绿色的生活方式，而奢侈生活方式倾向更多反映消费行为的喜好，特别是对隐私性、排他性和舒适性的渴望。从出行方式选择来看，低碳生活方式倾向有时也被称为亲公共交通态度，而奢侈生活方式倾向被称作亲驾驶态度。从出行活动的时间使用来看，低碳生活方式倾向对出行活动时长的敏感度低，换句话说，对长时间出行的包容性更高，而奢侈生活方式倾向则正好相反。从居住选择来看，低碳生活方式更倾向于选择居住在密度较高的人口稠密区，而奢侈生活方式倾向于选择远离市中心的城市郊区。从小汽车拥有来看，低碳生活方式倾向于不购买小汽车，而奢侈生活方式倾向于拥有小汽车。

虽然两种潜变量与出行行为表现特征并不是完全对应，但他们之间的强关联属性已经被大量文献多次证明[52,64]。因此，从实证研究的经验性和简约性角度出发，以及考虑到本书采用的六个态度指标和其他的结果变量所反映的出行偏好特征，本书构建 GLP 和 LLP 两个潜变量。GLP 是对低碳出行方式整体态度和对成本关注程度的度量，而 LLP 倾向反映了更多小汽车出行方式的偏好，以及对居住环境改善的渴望。基于社会心理学指标构造的潜变量通常表达为个人社会经济属性的函数，两个潜变量的潜在结构路径关系如图 4-4 所示。

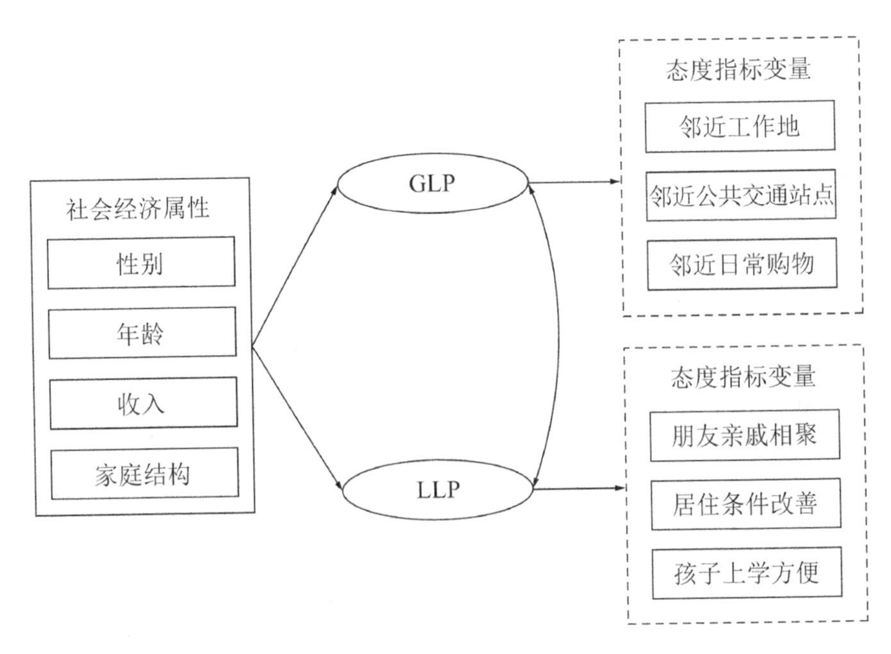

图 4-4　潜变量结构关系路径图

在此基础上，本书提出的合理假设是：GLP 选择居住在公共交通便利、邻近轨道站点的社区，很少或根本没有小汽车，并且愿意花费更多的时间在出行上；而 LLP 多选择居住在低密度社区，远离轨道交通站点，出行活动时间中非通勤出行所占比例更高。

需要强调的是，潜变量的构造是基于大量的实证定性研究，调查影响出行方式选择、出行时间分配等相关生活方式特征。正如 Golob 所述，“理论和理性必须指导模型规范”[111]。事实上，通过设计调查问卷中的与态度相关的定序问题可以为模型提供稳定性，但却不能在构造潜变量本身中发挥核心作用。这与心理学研究不同，心理学研究通过收集数十个甚至上百个态度指标，并通过探索性因素分析方法来识别较少数量的因素或潜变量结构，而在本书的案例中，首先需要根据直觉和文献回顾的研究结果来确定可能的潜在构造，然后使用序数指标以及实际的内生变量结果共同帮助将观察到的协变量与结构方程系统中的潜在构造相关联。一旦识别出潜在的构造，结构方程系统和测量方程系统的最终设定（对于潜在构造的载荷以及观测到的协变量对序数指标和相关结果的影响）就是基于使用嵌套预测似然比检验和非嵌套调整预测似然比检验的统计检验。

4.2.4 模型结构

在交通出行研究领域，非小汽车出行导向的家庭倾向于选择居住在公共交通服务设施变量和步行环境友好的居住社区，这些社区通常具备高密度的土地利用、步行导向的街区设计，而这些建成环境特征也进一步减少了小汽车的出行。在这种情况下，居住位置（分类变量）、小汽车拥有（计数变量）以及出行距离（连续变量）应该作为一个决策束进行联合决策，因此，产生了对混合变量模型的开发需求。

传统的多元线性回归分析的主要缺陷是对离散结果变量与连续结果变量多

元联合分布特征的表达。为解决这一问题，第一，De Leon 等人假设离散结果变量服从任意边际分布，连续型结果变量服从正态分布，使变量的分布特征一致后建立混合数据模型[112]，但是这种模型不适用于有次序结果变量的情况，也不适用于在结果变量中分类变量与次序结果有依赖关系时的情况。

第二，在反向因式分解理论的基础上，采用潜变量来表示一个二分变量或次序变量，再将连续型变量假设为多元正态分布，利用潜变量的条件分布和连续结果变量的边缘分布来表达二分变量或次序变量，得到结果变量的联合分布函数[112]，一般称这种方法为条件分组连续模型。但是此模型只在分类变量为二分变量时适用。通常将这种方法称为广义混合数据模型。

第三，Paleti 等人在条件分组连续模型的基础上继续发展，为适应交通经济学领域的研究需要，将此方法扩展到包含混合的次序变量、分类变量、计数变量和连续变量的模型。该模型的主要特点是：所有的结果变量是基于潜在或观察的连续型变量表示联系起来，而不是像条件分组连续模型对不同的数据类型采用不同类型的连接方式。另外，此模型不对变量进行分层处理，而是将混合的结果变量对称处理[113]。这类方法被称为广义线性潜变量与混合数据模型。

第四，基于结构方程模型的方法。由于交通行为研究涉及人的态度、主观偏好等心理要素，在社会科学中，通过构建潜变量并建立潜变量与测量变量之间的联系来表征心理变量。潜变量与测量变量之间的关系描述成为测量方程。结构方程可以通过较少数量的不可观测的潜在因素来解释大量指标变量之间协方差关系，并对这些关系进行简化。这种方法本质上是利用降维技术的因子分析方法，通过较少数量的潜在隐变量表示数据之间的协方差关系，从而分析高维异构结果数据[114]。结构方程模型是在因子分析、路径分析基础上建立的一种多元统计方法，其不仅能分析多层次变量之间的内在关系，同时允许模型外生和内生变量是可以无法直接观测的潜变量（如个体的态度、认知、偏好等）。结构方程的这一特点使其能够对抽象的概念或难以量化的影响因素进行定量分析，弥补了传统分析方法的不足。

通过对以上模型发展过程的梳理可以发现，混合数据结构模型表达的关键在于三点：第一，结果变量（决策变量）关系结构的对称性表达而非层级性表达。第二，采用潜变量结构建立连续型变量和离散型变量的联系。第三，出行行为分析中离散选择模型的合理性要求。基于以上三点基本要求，利用结构方程模型的结构特性，将各出行决策维度间复杂的相互作用关系考虑进模型。其中，用测量方程反映自变量对因变量的影响，而潜变量结构反映因变量之间的相互影响。因此，本章模型建立步骤如下。

（1）潜变量结构。

建立结构方程模型中的潜变量（内因潜变量）结构形式，通常用线性结构，如式(4-1)所示：

$$\boldsymbol{z} = \boldsymbol{\alpha w} + \boldsymbol{\eta} \tag{4-1}$$

式中：$\boldsymbol{w}$——观测变量（不包含常数项）；

$\boldsymbol{\alpha}$——结构系数矩阵；

$\boldsymbol{\eta}$——残差项；

$\boldsymbol{z}$——内因潜变量。

另外，本书构建的结构方程允许潜变量之间存在相互影响。

（2）潜变量的测量方程。

由于本书需要测量的潜变量$\boldsymbol{z}$包含连续变量、名义变量、有序变量、计数变量等多种结果变量，需要对各种变量的测量形式进行定义。

连续型变量：令$\boldsymbol{H}$表示连续型结果变量的数量，则连续型结果变量$\boldsymbol{y}(\boldsymbol{y}_1, \boldsymbol{y}_2 \cdots, \boldsymbol{y}_H)$的测量方程为：

$$\boldsymbol{y} = \boldsymbol{\gamma} + \boldsymbol{dz} + \boldsymbol{\varepsilon} \tag{4-2}$$

式中：$\boldsymbol{z}$——包含外生变量（包含常数项）以及内生结果变量的观测值；

$\boldsymbol{\gamma}$——对应的系数矩阵；

$\boldsymbol{d}$——潜变量的负荷矩阵；

$\boldsymbol{\varepsilon}$——误差项并服从标准正态分布。

$$\boldsymbol{d} = (\boldsymbol{d}_1, \boldsymbol{d}_2, \cdots, \boldsymbol{d}_H)' \tag{4-3}$$

次序型变量：令$\boldsymbol{N}$表示有序类型结果变量的数量（通常一些指标变量属于此类型变量），令有序决策变量$\tilde{y}^*$的上下阈值分别为$\tilde{\psi}_{\text{up}}$和$\tilde{\psi}_{\text{low}}$，则对有序结果变量的测量方程表达式为：

$$\boldsymbol{y}_N = \boldsymbol{\gamma}_N \boldsymbol{x} + \boldsymbol{d}_N \boldsymbol{z} + \boldsymbol{\varepsilon}_N \tag{4-4}$$

$$\psi_{N_{\text{low}}} < y_N < \psi_{N_{\text{up}}} \tag{4-5}$$

计数型变量：令C表示计数类型变量的数量，则计数结果变量的测量方程表达式用负二项回归表示为：

$$\psi_{\text{c},r_\text{c}} = \phi^{-1}\left[\frac{(1-\upsilon_\text{c})^{\theta_l}}{\Gamma(\theta_\text{c})}\sum_{t=0}^{r_\text{c}}\left(\frac{\Gamma(\theta_\text{c})+t}{t!}\right)(\upsilon_\text{c})^t\right] + \varphi_{\text{c},r_\text{c}}，\ \upsilon_\text{c} = \frac{\lambda_\text{c}}{\lambda_\text{c}+\theta_\text{c}}，\ \lambda_\text{c} = \text{e}^{\gamma' c^x} \tag{4-6}$$

$$\boldsymbol{y}_\text{C} = \boldsymbol{d}_\text{C} \boldsymbol{z} + \boldsymbol{\varepsilon}_\text{C} \tag{4-7}$$

$$\psi_{C_{\text{low}}} < y_\text{C} < \psi_{C_{\text{up}}} \tag{4-8}$$

式中：$\boldsymbol{\psi}$——潜在连续随机倾向变量的阈值向量；

$\boldsymbol{\lambda}$——倾向变量的列向量；

$\boldsymbol{\upsilon}$——阈值向量的列向量；

$\boldsymbol{\phi}^{-1}$——单变量累积标准正态分布的反函数；

θ——计数公式的弹性系数；

$\boldsymbol{\Gamma}(\theta)$——传统伽马函数，$\boldsymbol{\Gamma}(\theta) = \int_{\tilde{t}=0}^{\infty} \tilde{t}^{\theta-1}\,\text{e}^{-\tilde{t}}\text{d}\tilde{t}$。

其中，$\tilde{y}^*$用来将观测到的计数值r通过向量$\tilde{\boldsymbol{\Psi}}$的列向量$(\tilde{\psi}_{-1}, \tilde{\psi}_0, \tilde{\psi}_1, \tilde{\psi}_2, \cdots)'$的阈值表示。$\theta$与传统的负二项式模型的离散参数有关（$\theta > 0$；如果$\theta \to \infty\theta \to \infty$，则一般负二项式模型折叠为一般泊松结构）。$\tilde{\boldsymbol{\Psi}}$中的阈值项满足排序条件

$(\tilde{\psi}_{-1} < \tilde{\psi}_0 < \tilde{\psi}_1 < \tilde{\psi}_2 < \cdots < \infty)$，当$\phi_{-1} < \phi_0 < \phi_1 < \phi_2 < \cdots < \infty$时，阈值中$\phi$项的存在提供了可以提高概率密度的弹性。

分类型变量：令$\boldsymbol{G}$表示名义变量（无序分类变量）的数量，则某一变量中第i个选择肢的效用可以表达为：

$$U_i = \boldsymbol{b}_i{}'x + \boldsymbol{\vartheta}_i{}'(\boldsymbol{\beta}_i\boldsymbol{z}) + \zeta_i \tag{4-9}$$

式中：U_i——第i个选择肢的效用；

ζ_i——正态分布随机误差；

$\boldsymbol{\beta}_i$——一个变量矩阵；

$\boldsymbol{\vartheta}_i{}'$——潜变量的影响以及潜变量与其他外生变量相互作用的系数矩阵的列向量。

其中，$\boldsymbol{\beta}_i$与潜变量相互作用，对选择肢i的效应产生影响。如果模型中的潜变量通过效应函数中的恒定唯一对名义变量的选择肢产生影响，那么$\boldsymbol{\beta}_i$将是一个L阶单位矩阵，同时$\boldsymbol{\vartheta}_i{}'$中的每一个元素将捕获潜变量对选择肢$i$的常数比[114]。

令$\boldsymbol{\zeta} = (\zeta_1, \zeta_1, \cdots, \zeta_I)'$，$\boldsymbol{\zeta} \sim \mathrm{MVN}_\mathrm{I}(\mathbf{0}_\mathrm{I}, \boldsymbol{\Lambda})$，定义$\overline{\boldsymbol{w}} = (\vartheta\boldsymbol{\beta})$，因此上式表达为矩阵形式：

$$\boldsymbol{U} = \boldsymbol{bx} + \overline{\boldsymbol{w}}\boldsymbol{z} + \boldsymbol{\zeta} \tag{4-10}$$

当第m个选择肢被选择时，在最大化效应理论基础上，有：

$$u_{im} = U_i - U_m < 0，\forall i \neq m \tag{4-11}$$

其中，选择肢被选择的概率：

$$\boldsymbol{y} = \boldsymbol{\gamma x} + \boldsymbol{dz} + \boldsymbol{\varepsilon} = \boldsymbol{\gamma x} + \boldsymbol{d}(\boldsymbol{\alpha w} + \boldsymbol{\eta}) + \boldsymbol{\varepsilon} = \boldsymbol{\gamma x} + \boldsymbol{d\alpha w} + \boldsymbol{d\eta} + \boldsymbol{\varepsilon} \tag{4-12}$$

$$\boldsymbol{U} = \boldsymbol{bx} + \overline{\boldsymbol{w}}\boldsymbol{z} + \boldsymbol{\zeta} = \boldsymbol{bx} + \overline{\boldsymbol{w}}(\boldsymbol{\alpha w} + \boldsymbol{\eta}) + \boldsymbol{\zeta} = \boldsymbol{bx} + \overline{\boldsymbol{w}}\boldsymbol{\alpha w} + \overline{\boldsymbol{w}}\boldsymbol{\eta} + \boldsymbol{\zeta} \tag{4-13}$$

$$\boldsymbol{B} = \begin{bmatrix} \boldsymbol{B}_1 \\ \boldsymbol{B}_2 \end{bmatrix} = \begin{bmatrix} \boldsymbol{\gamma x} + \boldsymbol{d\alpha w} \\ \boldsymbol{bx} + \overline{\boldsymbol{w}}\boldsymbol{\alpha w} \end{bmatrix} \tag{4-14}$$

$$\boldsymbol{\Omega} = \begin{bmatrix} \boldsymbol{\Omega}_1 & \boldsymbol{\Omega}_{12}' \\ \boldsymbol{\Omega}_{12} & \boldsymbol{\Omega}_2 \end{bmatrix} = \begin{bmatrix} \boldsymbol{d\Gamma d}' + \boldsymbol{\Sigma} & \boldsymbol{d\Gamma}\overline{\boldsymbol{w}}' \\ \overline{\boldsymbol{w}}'\boldsymbol{\Gamma d} & \overline{\boldsymbol{w}}'\boldsymbol{\Gamma}\overline{\boldsymbol{w}}' + \boldsymbol{\Lambda} \end{bmatrix} \tag{4-15}$$

$$\boldsymbol{yU} = [\boldsymbol{y}', \boldsymbol{U}']' \tag{4-16}$$

$$\boldsymbol{yU} \sim \mathrm{MVN}_{E+G}(\boldsymbol{B}, \boldsymbol{\Omega}) \tag{4-17}$$

将潜在效用用积分形式表示为：

$$\boldsymbol{u} = \boldsymbol{MU} = \boldsymbol{M}\tilde{\boldsymbol{b}}\boldsymbol{x} + \boldsymbol{M}\tilde{\overline{\boldsymbol{w}}}\boldsymbol{z} + \boldsymbol{M}\tilde{\boldsymbol{\xi}} = \boldsymbol{bx} + \overline{\boldsymbol{w}}\boldsymbol{z} + \boldsymbol{\zeta\gamma}' \tag{4-18}$$

上式中，$\boldsymbol{b} = \boldsymbol{M}\tilde{\boldsymbol{b}}$，$\overline{\boldsymbol{w}} = \boldsymbol{M}\tilde{\overline{\boldsymbol{w}}}$，$\boldsymbol{\zeta} = \boldsymbol{M}\tilde{\boldsymbol{\xi}}$，其中~表示估计值。

上述所有模型中，各符号的解释汇总见表 4-2。

表 4-2　模型符号解释

符号	说明	维度
$\boldsymbol{z}$	潜在变量向量	$L \times 1$
$\boldsymbol{\alpha}$	外生变量对应$\boldsymbol{z}$的负载矩阵	$L \times D$
$\boldsymbol{\omega}$	影响$\boldsymbol{z}$的外生变量向量	$D \times 1$
$\boldsymbol{\eta}$	结构方程中误差向量	$L \times 1$
$\boldsymbol{\Gamma}$	潜变量结构方程中误差向量$\boldsymbol{\eta}$的关系矩阵	$L \times L$
$\boldsymbol{y}$	结果变量向量	$(H+N+C) \times 1$
$\boldsymbol{\gamma}$	系数矩阵	$(H+N+C) \times A$
$\boldsymbol{d}$	潜变量对测量方程中因变量的系数矩阵	$(H+N+C) \times L$
$\boldsymbol{\varepsilon}$	测量方程误差向量	$(H+N+C) \times 1$
$\boldsymbol{\Sigma}$	$\boldsymbol{\varepsilon}$的协方差矩阵	$(H+N+C) \times (H+N+C)$
$\boldsymbol{\gamma}'$	外生和内生变量对计数变量的系数矩阵	$C \times A$
$\boldsymbol{U}$	可选项的效用	$G \times 1$
$\boldsymbol{b}$	外生和内生变量对效用的矩阵	$G \times A$
$\boldsymbol{x}$	选择模型中外生变量向量	$A \times 1$
$\boldsymbol{\beta}$	潜在变量与外生变量的交互作用系数矩阵	$\left[\sum_{\mathrm{lg}=1}^{\mathrm{lg}} N_{\mathrm{gi_g}}\right] \times L$

续上表

符号	说明	维度
ϑ	影响潜变量的变量矩阵	$G\times\left[\sum_{lg=1}^{lg}N_{gi_g}\right]\times L$
ζ	效用误差向量	$G\times 1$
Λ	ζ的协方差矩阵	$G\times G$

综上，本章建立的模型具体结构如图 4-5 所示。

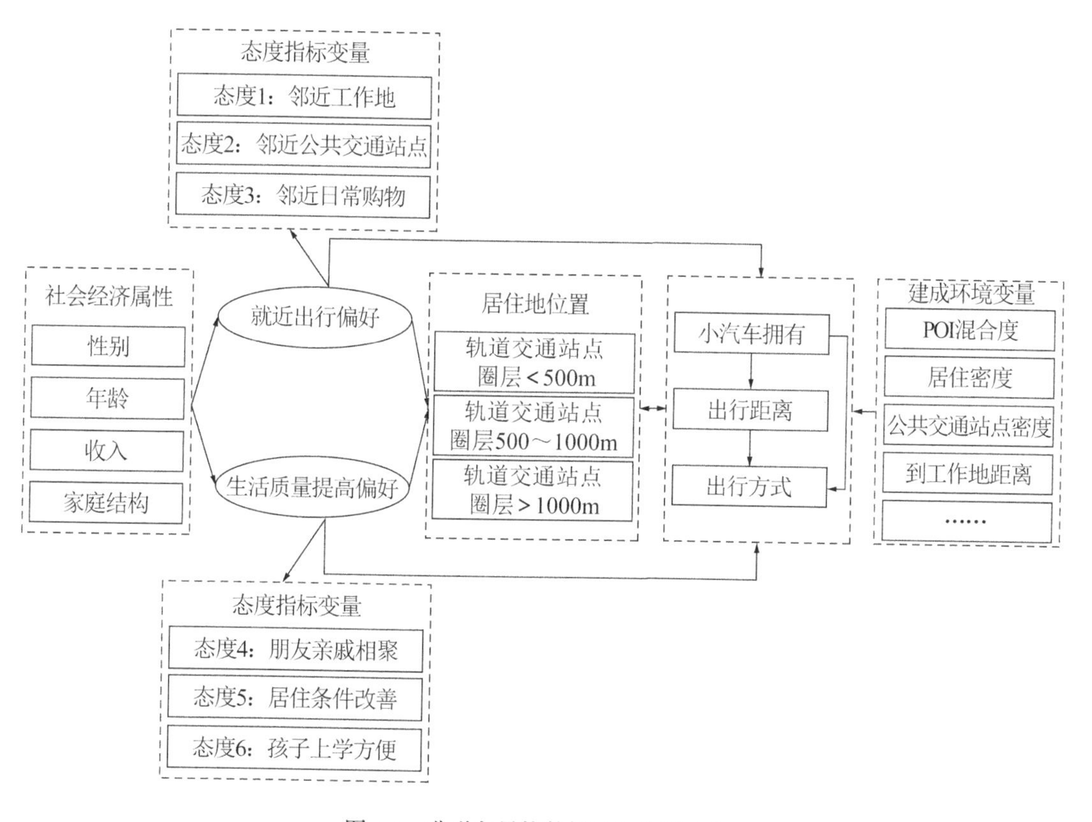

图 4-5　非递归异构数据通用模型结构

4.2.5　估计方法

考虑到多维结果变量的联合选择概率问题，采用复合边际似然函数（Composite Marginal Likelihood, CML），该函数是通过取决策者选择的备选方案的联合成对概率的乘积（N个序数变量、C个计数变量和G个名义变量）而形成的，并使用多元正态累积分布（Multivariate Normal Cumulative Distribution, MVNCD）函数的解析逼近进行计算。

令$E=(H+N+C)$，在效应最大化的理论前提下，考虑到模型中变量的联合选择概率（N个有序变量，C个计数变量，G个名义变量），其复合边际似然函数如式(4-19)构建：

$$L_{\mathrm{cml}}(\delta)=f_H\left(y|\tilde{B}_y,\widetilde{\Omega}_y\right)\times\left(\prod_{n=1}^{N-1}\prod_{n'=n+1}^{N}\Pr\left(j_n=a_n,j_{n'}=a_{n'}\right)\right)\times \left(\prod_{c=1}^{C-1}\prod_{c'=c+1}^{C}\Pr\left(k_c=r_c,k_{c'}=r_{c'}\right)\right)\times\left(\prod_{n=1}^{N}\prod_{c=1}^{C}\Pr\left(j_n=a_n,k_c=r_c\right)\right)\times \left(\prod_{n=1}^{N}\prod_{g=1}^{G}\Pr\left(j_n=a_n,i_g=m_g\right)\right)\times\left(\prod_{c=1}^{C}\prod_{g=1}^{G}\Pr\left(k_c=r_c,i_g=m_g\right)\right)\times \left(\prod_{g=1}^{G-1}\prod_{g'=g+1}^{G}\Pr\left(i_g=m_g,i_{g'}=m_{g'}\right)\right) \tag{4-19}$$

在上述CML方法中，出现在CML函数中的MVNCD函数的维度等于每一类数据类型变量的交叉联合概率之和。成对似然函数需要计算一个累积的正态维数的分布函数，将CML函数转化为：

$$L_{\mathrm{cml}}(\delta)=\left(\prod_{h=1}^{H}\omega_{\widetilde{\Omega}_y}\right)^{-1}\phi_H\left(\left[\omega_{\widetilde{\Omega}_y}\right]^{-1}\left[y-\tilde{B}_y\right];\widetilde{\Omega}_y\right)\times \left\{\prod_{i=1}^{N+C-1}\prod_{v'=v+1}^{N+C}\left[\begin{array}{c}\Phi_2\left(\mu_{v',\mathrm{up}},\mu_{v',tp},\rho_{vv'}\right)-\Phi_2\left(\mu_{v',\mathrm{up}},\mu_{v',\mathrm{low}},\rho_{vv'}\right)\\ -\Phi_2\left(\mu_{v',\mathrm{low}},\mu_{v',tp},\rho_{vv'}\right)+\Phi_2\left(\mu_{v',\mathrm{low}},\mu_{v',\mathrm{low}},\rho_{vv'}\right)\end{array}\right]\right\}\times \left\{\prod_{v=1}^{N+C}\prod_{g=1}^{G}\Phi_{\mathrm{lg}}\left[\omega_{\widehat{\Omega}_{vg}}^{-1}D_{vg}\left(\overleftrightarrow{\psi}_{\mathrm{up}}-\overleftrightarrow{B}_{\tilde{u}};\widehat{\Omega}_{vg}\right)\right]\right\}- \Phi_{\mathrm{lg}}\left\{\omega_{\widehat{\Omega}_{vg}}^{-1}D_{vg}\left(\dddot{\psi}_{\mathrm{low}}-\overleftrightarrow{B}_{\tilde{u}};\widehat{\Omega}_{vg}\right)\right]\right\}\times \left\{\prod_{g=1}^{G-1}\prod_{g'=1}^{G}\Phi_{\mathrm{lg}+g'-2}\left[\omega_{\vec{\Omega}_{gg'}}^{-1}\vec{R}_{gg'}\left(-\overleftrightarrow{B}_{\hat{u}}\right);\vec{\Omega}_{gg'}\right]\right\} \tag{4-20}$$

通过最大化以上函数，得到Maximum CML（MACML）估计值形式如下：

$$\log L_{\mathrm{MAMCL}}(\delta)=\frac{\left[\hat{G}(\delta)\right]^{-1}}{Q}=\frac{[\hat{H}^{-1}][\hat{J}][\hat{H}^{-1}]'}{Q} \tag{4-21}$$

其中，$\hat{J}$的表达形式如下：

$$\hat{J}=\frac{1}{Q}\sum_{q=1}^{Q}\left[\left(\frac{\partial\log L_{\mathrm{MAMCL}}(\delta)}{\partial\delta}\right)\left(\frac{\partial\log L_{\mathrm{MAMCL}}(\delta)}{\partial\delta'}\right)\right]_{\delta_{\mathrm{MAMCL}}} \tag{4-22}$$

$$\widehat{H}_q=\left(\begin{array}{c}
\left[\dfrac{\partial\log\left[f_H\left(y\mid\tilde{B}_y,\widetilde{\Omega}_y\right)\right]}{\partial\delta}\right]\left[\dfrac{\partial\log\left[f_H\left(y\mid\tilde{B}_y,\widetilde{\Omega}_y\right)\right]}{\partial\delta'}\right]+\\
\sum_{n=1}^{N-1}\sum_{n'=n+1}^{N}\left[\dfrac{\partial\log\left[\Pr\left(j_n=a_n,j_{n'}=a_{n'}\right)\right]}{\partial\delta}\right]\left[\dfrac{\partial\log\left[\Pr\left(j_n=a_n,j_{n'}=a_{n'}\right)\right]}{\partial\delta'}\right]+\\
\sum_{c=1}^{C-1}\sum_{c'=c+1}^{C}\left[\dfrac{\partial\log\left[\Pr(k_c=r_c,k_{c'}=r_{c'})\right]}{\partial\delta}\right]\left[\dfrac{\partial\log\left[\Pr(k_c=r_c,k_{c'}=r_{c'})\right]}{\partial\delta'}\right]+\\
\sum_{n=1}^{N}\sum_{c=1}^{C}\left[\dfrac{\partial\log\left[\Pr\left(j_n=a_n,k_c=r_c\right)\right]}{\partial\delta}\right]\left[\dfrac{\partial\log\left[\Pr\left(j_n=a_n,k_c=r_c\right)\right]}{\partial\delta'}\right]+\\
\sum_{n=1}^{N}\sum_{g=1}^{G}\left[\dfrac{\partial\log\left[\Pr\left(j_n=a_n,i_g=m_g\right)\right]}{\partial\delta}\right]\left[\dfrac{\partial\log\left[\Pr\left(j_n=a_n,i_g=m_{gc}\right)\right]}{\partial\delta'}\right]+\\
\sum_{c=1}^{C}\sum_{g=1}^{G}\left[\dfrac{\partial\log\left[\Pr\left(k_c=r_c,i_g=m_g\right)\right]}{\partial\delta}\right]\left[\dfrac{\partial\log\left[\Pr\left(k_c=r_c,i_g=m_g\right)\right]}{\partial\delta'}\right]\\
\sum_{g=1}^{G-1}\sum_{g'=g+1}^{G}\left[\dfrac{\partial\log\left[\Pr\left(i_g=m_g,i_{g'}=m_{g'}\right)\right]}{\partial\delta}\right]\left[\dfrac{\partial\log\left[\Pr\left(i_g=m_g,i_{g'}=m_{g'}\right)\right]}{\partial\delta'}\right]
\end{array}\right) \tag{4-23}$$

采用 MACML 估计值仅需要双变量或单变量的累积正态分布函数，不需要考虑潜变量或结果因变量的数量和类型如何，避免了仿真方法导致的不收敛问题以及计算量大问题的产生。此外，之前许多的结构方程模型或类似结构的模型采用的仿真方法无法解决在后续步骤中由前步骤样本引起的变异性产生的干扰问题，从而导致估算效率低下以及估计结果不一致等问题。然而，在高维度混合数据类型变量模型中，MACML 估计值可以保证估计结果的一致性。以上参数估计过程均采用 Stata 求解计算。

4.3 搬家样本统计特征分析

本章所用到的数据涉及搬家问题的子样本，从出行调查大样本中筛选出回答了“近一年内是否搬家”的城中村出行样本数为 1198 个，涉及城中村个数为 22 个；商品房小区出行样本数 4045 个，涉及商品房小区个数为 56 个。子样本所反映的居民出行行为统计特征如下。

1）出行方式

城中村样本与商品房小区样本在出行方式选择上差异较大，城中村的慢行出行比例最大，且明显大于商品房小区；尤其在小汽车出行比例上，商品房小区的小汽车出行比例高达城中村的近 6 倍。搬家样本中城中村小区居民与商品房小区居民出行方式比较如图 4-6 所示。

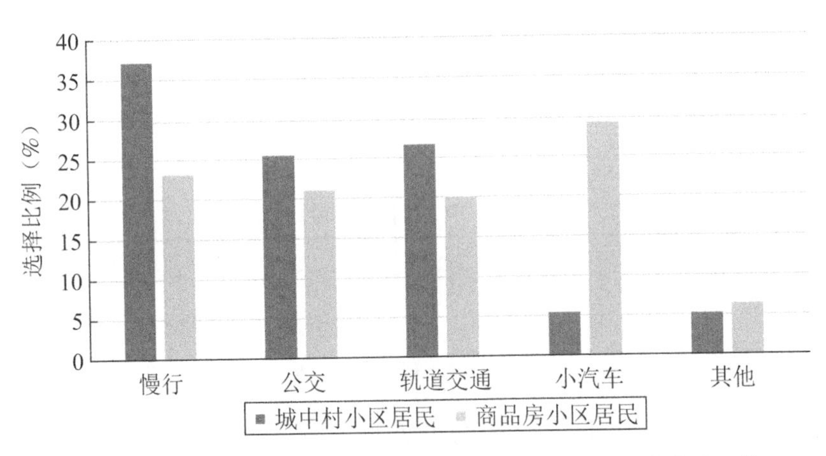

图 4-6 搬家样本中城中村小区居民与商品房小区居民出行方式比较

2）出行目的

两种居住社区在出行目的上差异不明显，约 80% 的出行集中于通勤出行（包括上班和上学），城中村小区比商品房小区的通勤出行比例略高。搬家样本中城中村小区居民与商品房小区居民出行目的比较如图 4-7 所示。

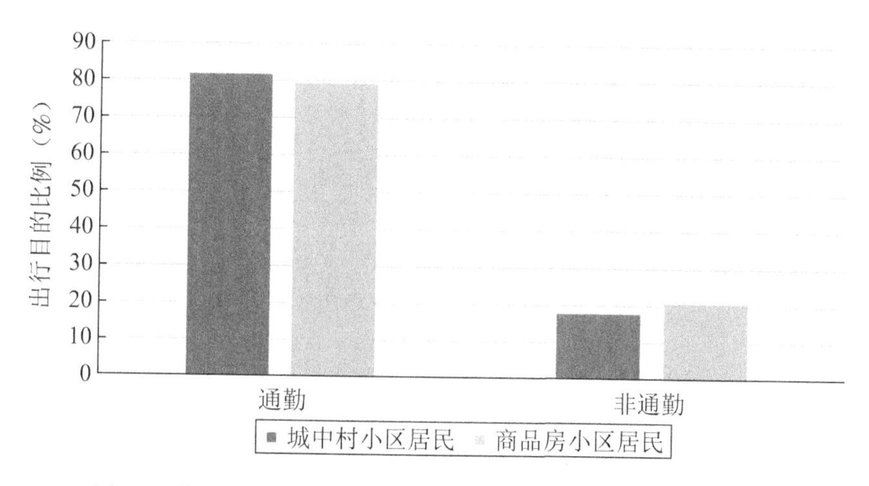

图 4-7 搬家样本中城中村小区居民与商品房小区居民出行目的比较

3）出行距离

在出行距离方面，城中村小区居民在短距离出行上比商品房小区居民更为集中，半数以上出行都集中在5km以内的短距离出行。搬家样本中城中村小区居民与商品房小区居民出行距离比较如图4-8所示。

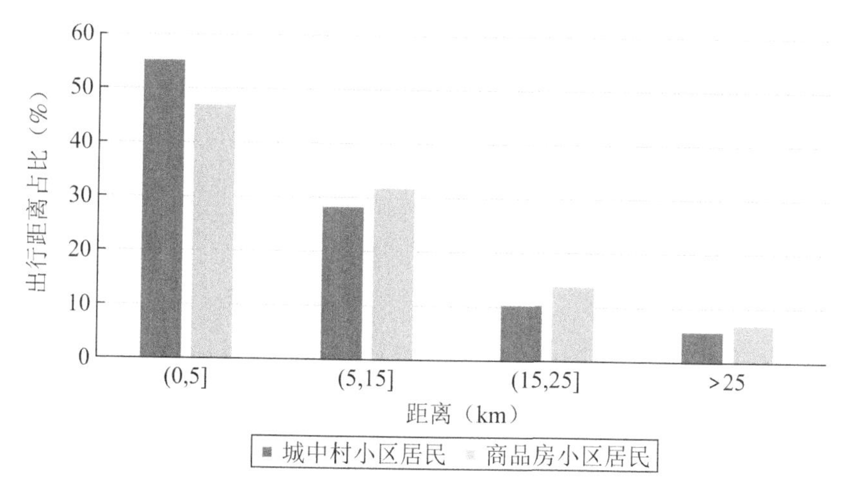

图 4-8 搬家样本中城中村小区居民与商品房小区居民出行距离比较

4）小汽车拥有

城中村小区居民与商品房小区居民的小汽车拥有水平都较低，其中城中村小区约97%的家庭无私人小汽车，商品房小区约85%的家庭无私人小汽车。搬家样本中城中村小区居民与商品房小区居民小汽车拥有比较如图4-9所示。

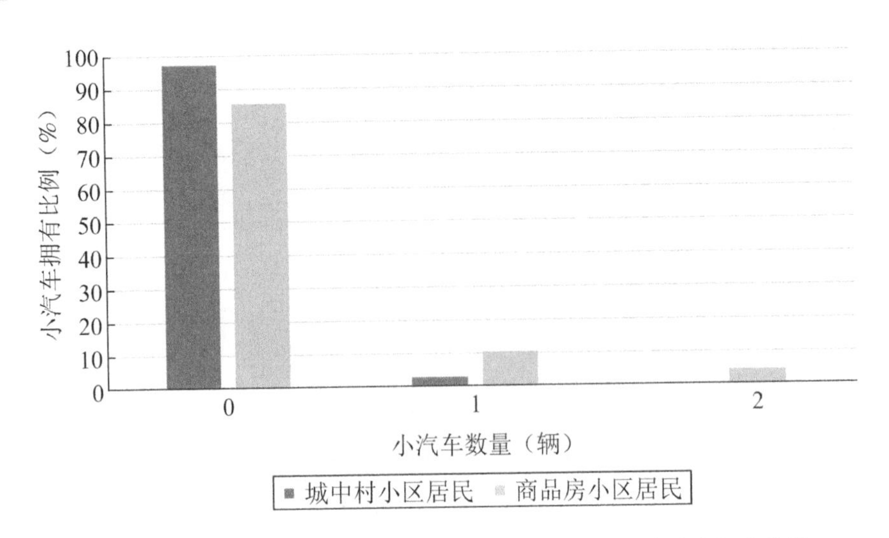

图 4-9　搬家样本中城中村小区居民与商品房小区居民小汽车拥有比较

5）居住位置

在搬家样本中，样本调查中涉及居住位置的重要变量为“轨道交通站点圈层”，以居住位置到轨道交通站点的距离衡量，分为三个圈层，分别为“500m 以内”“500～1000m”“1000m 以上”。居住位置的轨道圈层分布如图 4-10 所示。

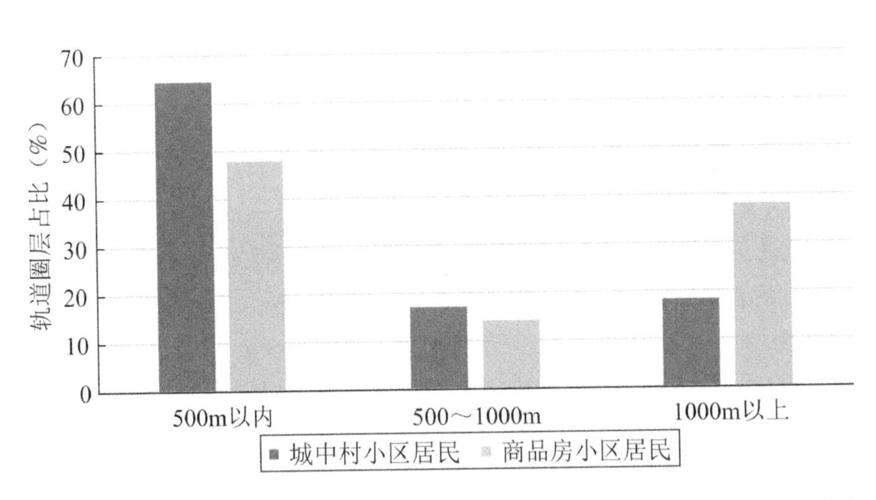

图 4-10　搬家样本中城中村小区居民与商品房小区居民居住位置轨道交通站点圈层分布比较

由图 4-10 可以发现，调查样本中的城中村小区位于距离轨道交通站点最近的第一圈层（500m 以内）的比例相当高，占 64%左右，高于商品房小区的 48%。而商品房小区分布在轨道第三圈层的比例也较高，约 38%的居民居住在距离轨道交通站点 1000m 以上的位置，高于城中村在此圈层 18%的比例。总体上，从统计结果上可以看出，相比于商品房小区而言，城中村小区更加邻近轨道交通站点，或者城中村居民更倾向于选择居住在邻近轨道交通站点的城中村小区。

6）搬家原因

就搬家原因而言，图 4-11 中 1～6 分别代表集中选择居住地的原因。城中村小区与商品房小区搬家原因比较见图 4-11。

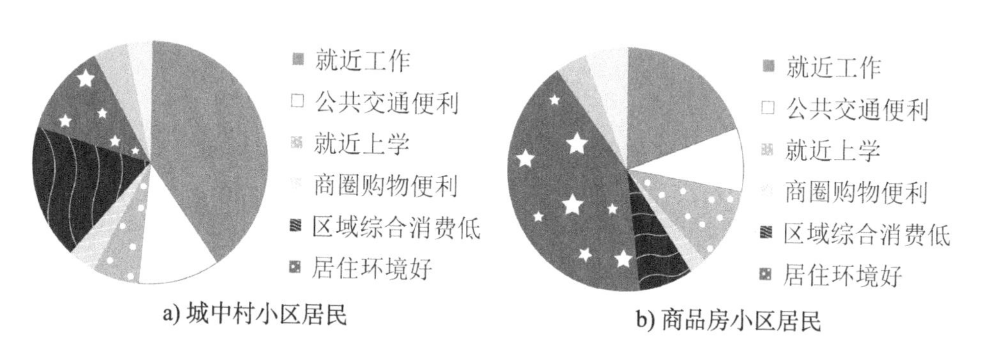

图 4-11　城中村小区居民与商品房小区居民搬家原因比较

相比较而言，城中村小区居民在选择该城中村居住时，最看重的因素是“就近工作”，与本章前述关于短距离通勤偏好的分析一致，而商品房小区居民在选择居住小区时最看重整体居住环境。

4.4 结果分析

自变量保留过程是消除统计上不显著的可变变量的系统过程，并辅以基于早期研究结果的验证判断。结果的呈现形式主要分为：潜变量结构方程模型结果（GLP 和 LLP）、非名义变量的测量方程结果（出行距离、小汽车拥有及态度指标变量）、名义变量的测量方程结果（居住地选择和出行方式选择）以及所有结果变量间的内生效应。由于结果形式较为复杂，为了使结果能够清晰呈现，最终结果呈现中只保留有显著影响的变量，不再展示非显著影响变量。另外，由于小汽车拥有和出行距离的中介作用机制已经在上一章充分论证，本章结果只展示总效应，故不再对直接效应和间接效应展开分析。

4.4.1 潜变量结构方程测量结果

GLP 和 LLP 两个社会心理潜变量相关联的结构方程模型结果见表 4-3。结果表明，对于 GLP 潜变量，相对于高收入家庭，低收入家庭的 GLP 更高（表 4-3 中最高收入类别设置为哑变量）。其他收入分组的系数都为正数，而且最低收入组的系数值最大，说明随着收入的提高，GLP 降低。年龄对 GLP 是负向影响，相较于高年龄组（60 岁以上），年龄较低组（16～34 岁和 35～59 岁）的 GLP 倾向更低，而且中年组（35～59 岁）的 GLP 倾向最低。在性别方面，女性的 GLP 倾向比男性更高。

表 4-3　潜变量相关联的结构方程模拟结果

变量		系数	变量		系数
GLP			LLP		
收入	哑变量：4		收入	哑变量：4	
	1	0.77		1	−0.22
	2	0.38		2	−0.43
	3	0.2		3	−0.47
年龄	哑变量：4		年龄	哑变量：4	
	2	−0.48		3	0.13
	3	−0.53	潜变量相关系数		−0.326
性别	哑变量：女性				
	男性	−0.08			

对于 LLP 潜变量，表 4-3 的结果显示，家庭收入越高，LLP 倾向越高。收入影响与预期十分吻合，因为高收入提供了可以满足更多物质需求的收入来源，而且高收入群体可能把高消费生活方式看作拥有财富与社会地位的象征，形成一种社会文化认同。在年龄方面，相对于高年龄组，中年人（35～59 岁）表现出更高的 LLP 倾向，可能原因是 60 岁以上的人口对物质消费的需求降低。

LLP 与 GLP 之间的相关系数在任何显著水平上都表现出显著相关关系，并且为负相关关系。此负相关关系合理，因为从消费成本角度看，两种倾向的表现截然相反。GLP 生活方式以低成本消耗为主要目标，而 LLP 生活方式会伴随着高成本消耗。

4.4.2 非名义变量的测量方程结果

表 4-4 显示了各自变量对非名义结果变量的影响结果，这些结果变量包含出行距离、态度指标变量以及小汽车拥有。

表 4-4 测量方程的非名义变量估计结果（出行距离、小汽车拥有、态度）

自变量		连续型变量	计数型变量	次序型变量					
		出行距离	小汽车拥有	态度 1	态度 2	态度 3	态度 4	态度 5	态度 6
常数		1.881	0.899	1.461	0.910	1.382	1.071	0.333	0.865
次序变量阈值	哑变量：1								
	2 和 3	—	—	0.462	0.418	0.375	0.965	0.736	0.573
	3 和 4	—	—	0.822	0.873	0.717	1.185	3.644	1.140
	4 和 5	—	—	1.687	1.513	1.364	2.162	5.722	2.295
建成环境变量	居住密度	−0.008	—	—	—	—	—	—	—
	POI 混合度	−0.011	—	—	—	—	—	—	—

续上表

自变量			连续型变量	计数型变量	次序型变量					
			出行距离	小汽车拥有	态度1	态度2	态度3	态度4	态度5	态度6
建成环境变量		公共交通站点密度	−0.334	−0.090	—	—	—	—	—	—
		到公共交通站点时间	—	0.064	—	—	—	—	—	—
潜变量		GLP	−0.761	−0.292	0.203	0.262	0.297			
		LLP	—	0.110	—	—	—	0.251	0.625	0.201
内生效应	居住位置：轨道圈层	哑变量：3								
		1	—	−0.511	—	—	—	—	—	—
		2	—	−0.438	—	—	—	—	—	—
	小汽车拥有		0.378	—	—	—	—	—	—	—

注：态度序数指标的作用是加强潜在结潜变量与外生协变量之间关系的稳健性。态度1～6表示居住选择态度偏好程度，分布是：1-邻近工作地；2-邻近公交站点；3-邻近日常购物；4-朋友亲戚相聚；5-居住条件改善；6-孩子上学方便。

在考虑了生活方式潜变量和居住位置的影响后，仍有建成环境变量对出行距离和小汽车拥有表现出显著影响。对于出行距离而言，居住密度、POI 混合度和公共交通站点密度对出行距离表现出显著的负向影响，即居住密度、POI 混合度和公共交通站点密度越高，城中村居民出行距离越短，这一结果与大部分研究一致。而上一章表现出显著影响的变量（到市中心距离和到工作地距离）不再表现出显著影响，这一结果与第 3 章中关于到市中心距离和到工作地距离结果的猜想一致。这也说明城中村居民面临居住地和出行行为同时选择的情形，若忽略了居住自选择效应的影响，建成环境的作用可能会被过高估计。

对于小汽车拥有而言，公共交通站点密度表现出显著负向影响，到公共交通站点时间表现出显著正向影响，这一结果与以往普遍认知一致。然而，与上一章结果对比发现，在考虑了居住自选择效应后，建成环境影响变量明显减少，说明城中村家庭小汽车拥有决策更多受到出行偏好影响，而建成环境的影响相对较小，这可能与城中村居民收入特征与小汽车拥有水平低的现实状况相关，购买小汽车属于较为重大家庭决策，更多受自身社会经济属性和态度偏好影响，而不是居住地的建成环境。这一结果再次强调考虑居住自选择效应的重要性。

表4-4中潜变量的影响显示，潜变量与态度之间的对应关系与直觉感知一致，GLP倾向城中居民在选择居住位置时，对公共交通、工作地点以及日常购物邻近度更加重视。相反地，有LLP倾向城中村居民的选择居住地时主要考虑靠近朋友亲戚、关注居住环境以及关心孩子上学问题。在潜变量对结果变量的影响方面，GLP对出行距离和小汽车拥有具有显著的负向影响，说明GLP倾向的城中村居民更多选择短距离出行并更少拥有小汽车，这类居民很有可能更倾向于居住在邻近工作的区域，以避免机动车出行。而LLP倾向越高，小汽车拥有的可能性更高，这类城中村居民在居住选择时更加重视居住环境，而非与出行相关的其他因素。

在内生效应方面，居住位置对小汽车拥有的影响显著，居住地越邻近轨道交通站点，小汽车拥有水平越低，出行距离也越短。以往研究一般基于居住密度对居住地位置划分[52]，得到的一般性结论为居住密度越大，小汽车拥有水平越低，出行距离越短。本书基于轨道交通站点圈层的划分，与基于密度的划分方式有一定相似性，一般情况下，距离轨道交通站点越近，居住密度越高，与以往研究结果一致。但两种划分方式不完全一致，本书对居住地位置划分方式充分考虑了深圳城中村分布特征、城中村居民社会经济属性以及城中村居民出行特征，因此，轨道交通站点圈层位置比居住密度能更好地反映城中村居住位置选择。

4.4.3 名义变量测量方程结果分析

表4-5 显示了各自变量对名义结果变量的影响结果，这些结果变量包含出

行方式选择和居住位置选择。

表 4-5　各自变量对名义结果变量的影响结果（出行方式选择与居住位置选择）

自变量			出行方式		居住位置（轨道圈层哑变量：3）	
			公交	慢行	1	2
常数			−0.636	−1.374	−0.68	−0.393
建成环境变量	居住密度		−0.088	—	—	—
	POI 混合度		—	0.312	—	—
	人行道比例		—	0.236	—	—
	交叉路口密度		—	0.339	—	—
	公共交通站点密度		0.282	—	—	—
	到公共交通站点时间		−0.132	−0.29	—	—
潜变量	GLP		0.098	0.332	0.152	0.051
	LLP		−0.062	−0.278	0.190	0.126
内生效应	出行距离		—	−0.172	—	—
	小汽车拥有		−0.225	−0.483	−0.268	−0.175
	居住位置	哑变量：3				
		1	0.177	0.517	—	—
		2	0.062	0.256	—	—

在考虑了生活方式潜变量和居住位置的影响后，建成环境变量对城中村居

民出行方式选择仍表现出显著影响。其中，居住密度对公共交通出行方式有显著的负向影响，即城中村居住密度越大，居民更可能放弃公共交通出行而选择小汽车出行；公共交通站点密度对公共交通出行方式有显著正向影响，即公共交通站点密度越大，城中村居民更可能选择公共交通出行而放弃小汽车出行；到公共交通站点时间对公共交通出行方式有显著的负向影响，即到公共交通站点步行时间越长，居民更可能放弃公交出行而选择小汽车出行。此部分结果与第 3 章中未考虑居住自选择效应的影响方向一致，但是影响程度有所减弱，且有显著影响的建成环境变量数量也变少，再次证明了若忽略居住自选效应的影响，建成环境的影响可能被过高估计。建成环境变量对慢行出行方式选择的影响方向与第 3 章结果一致，此处不再重复赘述。

表 4-5 中潜变量的影响显示，GLP 的城中村居民更倾向于选择居住在距离轨道交通站点近的小区，以及更多地选择公交出行与慢行出行而非小汽车出行；而 LLP 居民虽然在出行方式选择上与 GLP 居民表现相反，但是在居住位置选择上与 GLP 居民表现一致，也更倾向于选择居住在距离轨道交通站点近的小区。在本书的案例背景下，城中村居民日常出行高度依赖轨道交通，因此无论哪种生活方式偏好，都选择距离轨道交通站点近的小区，这一结果与基于西方发达国家研究背景的结果不一致，说明高密度以公共交通为导向的开发（Transit-Oriented Development, TOD）导向街区规划初见成效，轨道交通站点周边的居住与出行资源更丰富，吸引更多的居住选择。

在内生效应方面，出行距离对慢行出行选择表现为显著负向影响，即出行距离越长，城中村居民越可能放弃慢行交通出行而选择小汽车出行，这一结果与多数以往研究结论一致；而出行距离对公交出行方式无显著影响，这一结果与第 3 章未考虑居住自选择效应的结果并不一致，也验证了第 3 章提出的相应猜想，即出行距离与公交出行方式选择的反常是由于未考虑居住自选择效应，城中村居民出行方式选择主要由出行偏好决定，而与出行距离无关。小汽车拥有对公共交通出行方式和慢行方式选择都表现为抑制作用，这与之前的结论一致，除此之外，小汽车拥有还影响了城中村居住地选择，拥有小汽车的城中村居民倾向于选择较为远离轨道交通站点的城中村，可能原因是对于城中村居民而言，小汽车出行对轨道交通出行的替代性较强。

最后，在居住位置与出行方式选择的关系方面，城中村距离轨道交通站点越近，居民越倾向于选择公共交通出行和慢行出行方式。可以推断，大运量的轨道交通与常规公交和慢行等传统低碳出行方式相辅相成、互相补充，有利于形成全链条低碳出行方式。

4.4.4 内生效应与非递归性分析

本节通过影响路径图对结果变量间的内生影响展开进一步探讨。图 4-12 表现了内生效应的总体方向（结果变量相互影响），同时还包括了 GLP 和 LLP 潜变量对内生结果的影响。

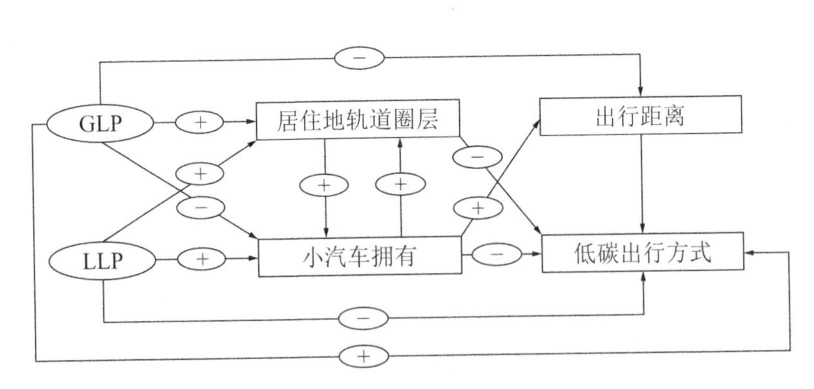

图 4-12　内生效应和潜变量影响

注："+" 为正反馈，"−" 为负反馈。

第一，结果变量（居住地位置、小汽车拥有、出行距离和出行方式选择）间的内生效应表明，在考虑潜变量结构所引起的因变量间的联合作用后，居住位置会影响城中村居民小汽车拥有决策和出行方式选择决策。当居民选择居住在远离轨道站点的城中村小区时，会作出相应的购买小汽车和更多采用小汽车方式出行等出行行为决策，这一结果与许多早期基于密度划分居住地的文献结论一致。

第二，由于本书设定的模型为非递归性模型，包含互反路径，经模型分析结果最终保留有显著关系的互反关系：小汽车拥有和居住位置是互反关系。结果表明，城中村居民的居住地选择决策与小汽车拥有决策互为因果。城中村居民在购买小汽车时会考虑自己的居住位置，在选择居住位置时也会考虑自己的小汽车拥有情况。

第三，小汽车拥有、出行距离对出行方式的影响与第 3 章中介作用的影响路径结果一致，再次验证了中介作用的存在及重要性。

有趣的是，居住地位置与出行距离没有显著的直接因果关系，这一结果表明，对城中村居民而言，居住地点与轨道交通站点的远近并不直接影响其出行距离，即使邻近轨道交通站点也可能表现出长距离出行特征。可能原因是出于租房成本节约考虑但又受到公共交通出行偏好影响，城中村居民会选择远离市中心或工作地但尽量邻近轨道交通站点的低租金城中村社区。虽然早期研究结果认为居住在邻近轨道交通站点的区域可以有效缩短出行距离，促进城市职住平衡，但本书结果表明，对于城中村居民而言，仅通过单一增加轨道交通站点并不一定可以促进职住平衡，需要辅以其他规划措施，例如增加区域的 POI 多样性或促进多中心城市发展模式。

另外，从潜变量的影响来看，GLP 的城中村居民出行距离更短，同时倾向于选择居住在邻近轨道站点的城中村。也就是说，虽然从表象看是邻近轨道站点的城中村居民出行距离更短，但是本书的研究结果发现，LLP 的居民会自行寻找居住在这样的城中村，而不是由于邻近轨道交通站点促使了短距离出行，此结果表明了考虑居住自选择效应的重要性。如果忽略居住自选择效应，可能会基于错误估计采取无效措施，浪费资金与时间资源。对于 LLP 潜变量，具有 LLP 的城中村居民同样喜欢居住在邻近轨道交通站点的城中村，这是邻近轨道交通站点居住的城中村居民的居住选择共性，此结果也表明在本书实证背景下高密度城市轨道交通的重要性。

4.4.5 建成环境对出行行为“净”影响

根据本章模型结果，以 GLP 为例分析，GLP 的城中村居民更多居住于邻近轨道交通站点的城中村小区，更多选择公共交通和慢行等低碳出行方式。因此，由于 GLP 的影响，这些居住在邻近轨道交通站点的城中村居民“恰巧”表现出低碳出行行为特点，但真实原因是他们本身就偏好低碳出行方式，这可能导致居住在非邻近轨道站点区域也会表现出低碳出行行为。但是，即使捕捉了由于居住自选择导致的未观测因素的可能性，现实直观结果还是表现为邻近轨道交通站点导致了低碳出行行为。如果不考虑潜变量的影响，即若忽略居住自选择的影响，轨道交通的作用会被放大。同样，对于小汽车拥有的影响也存在相似情况。

通过上一节结果发现，由潜变量表征的居住自选择效应产生的影响会干扰变量间的相关关系，因此需要通过剔除居住自选择的影响，发现外生变量与结果变量的直接因果关系，计算建成环境变量对出行行为的“净”影响。

为了证明忽略潜在变量的潜在问题存在及验证其影响程度，通过居住位置选择对出行方式选择的影响来检验出行行为决策结果有多大程度受到居住自选择效应的偏差影响。方法是通过将本章建立的非递归异构数据模型与不含潜变量的独立异构数据模型作对比，分别计算两个模型的平均处理效应（Average Treatment Effect, ATE）。ATE 可以表示潜变量对整体的影响程度。具体的 ATE 计算方法参考 Heckman 等人研究成果[115]。此处以小汽车拥有的 ATE 为例具体展开分析，表达式见式(4-24)。

$$\mathrm{ATE}_{ii'} = \frac{1}{Q}\sum_{q=1}^{Q}\left\{\sum_{j_1=0}^{\infty} k_q\left[P\left(k_{q1} \mid a_{qi}=1\right)\right] - P\left(k_q \middle| a_{qi'}=1\right)\right\} \tag{4-24}$$

式中：a_{qi}——第q个城中村居民选择居住地i的哑变量；

k_q——第q个城中村居民的小汽车拥有情况；

Q——居民个体数。

因此，建成环境的“净”影响和居住自选择效应的影响程度可由式(4-25)和式(4-26)计算得到。

$$建成环境“净”影响(\%)=\frac{ATE_{含潜变量}}{ATE_{不含潜变量}} \tag{4-25}$$

$$居住自选择效应(\%)=1-建成环境“净”影响(\%) \tag{4-26}$$

根据以上计算公式，得到建成环境变量对小汽车拥有和出行方式选择的“净”影响结果，见表 4-6。

表 4-6 建成环境变量“净”影响

变量	ATE（含潜变量）	ATE（不含潜变量）	“净”影响（%）	自选择效应（%）
小汽车拥有	0.151	0.335	45.1	54.9
出行方式选择				
慢行	–0.043	–0.051	84.3	15.7
公交出行	0.013	0.020	65.0	35.0
小汽车出行	–0.156	–0.162	96.3	3.7

通过计算 ATE 得到居住自选择效应和建成环境对于小汽车拥有和出行方式选择的“净”影响。结果为当城中村居住地从最邻近轨道交通站点（轨道交通站点圈层 1，距离轨道交通站点距离 < 500m）转移到最远离轨道交通站点（轨道交通站点圈层 3，距离轨道交通站点距离 > 1000m）的位置时的 ATE 值。举例说明：采用含潜变量模型计算的 ATE（含潜变量）的小汽车拥有值为 0.15，表示若城中村居民从轨道交通站点圈层 1 的城中村转移到轨道交通站点圈层 3 的位置时，可能会使其小汽车拥有量增加 0.15 辆，而采用不含潜变量计算的 ATE

（不含潜变量）小汽车拥有值为0.34，表示当城中村居民轨道交通站点圈层1的城中村转移到轨道交通站点圈层3的位置时，可能会使其小汽车拥有量增加0.34辆。基于不含潜变量模型对小汽车拥有增加的夸大现象，反映了未观测的居住自选择效应未得到控制。由于不含潜变量模型始终夸大了ATE值，因此“真实”效应可以通过计算两者的比值得到，即建成环境“净”影响如表4-6中第4列所示，居住自选择效应比例如表4-6中第5列所示。

最终结果表明，建成环境差异对小汽车拥有的“净”影响占45.1%，对慢行的“净”影响占84.3%，对公交出行的“净”影响占65%，对小汽车出行的“净”影响占96.3%。综上，对于城中村建成环境对出行行为的影响而言，居住自选择对出行行为中的不同要素的干扰程度不同，需要在实践过程中针对不同目标具体分析，这对城中村改造中土地利用政策的精准施策有重要意义。

4.5 本章小结

本章从城中村居民的居住地和出行行为联合选择层面分析建成环境的影响，通过建立非递归异构数据通用模型，在居住地不确定前提下考虑居住自选择效应的干扰，最终得到城中村建成环境对出行行为的“净”影响。在研究方法层面，本章构建的含潜变量的非递归异构数据通用模型，主要解决3个技术问题：结果变量数据异构问题、潜变量的构造问题以及结果变量相互影响的非递归性问题。

在实证结果层面，本章建成环境影响结果与上一章结果不完全一致，说明当城中村居民在面临居住地和出行行为同时决策的情形下，由于受到居住自选择效应的干扰，建成环境的影响会减弱。本章研究结果主要特点体现在两个方面：①与西方国家一样，中国城市也同样存在居住自选择效应。即居民会根据自己的社会经济属性和出行偏好选择居住在具有不同建成环境特征的社区，从而表现出一定的出行行为规律。在建成环境与出行行为研究中，若忽略了居住自选择效应，很可能会错误地估计建成环境的影响作用，从而误导以此为依据的城市规划政策的制定。②居住自选择效应对不同出行行为要素的影响程度不同，导致建成环境对不同出行行为要素的“净”影响比例也不同。在城中村综合整治过程中，应根据需要重点解决的交通问题目标导向来制定建成环境改造方案。

第5章

低碳出行导向的城中村改造时序

从实践角度考虑，城中村改造是一个时空推进过程，不仅需要决策哪些建成环境变量是重点改造要素，还需要对纳入城市更新单元计划的城中村制定合理的更新时序控制规划。城中村改造规划时序控制应坚持全面统筹、公共优先、科学评估、多方参与、可操作性等原则。虽然当下各大城市正如火如荼地开展城市更新，不断出台各种调控措施，但从实施时序上探讨如何引导城市更新有序推进的研究较少，从交通出行结构优化角度引导城中村改造时序控制的研究甚至空白。本章提出在空间集计层面以城中村地理单元的公交出行比例的高低，作为低碳出行导向的时序引导指标，对城中村改造低碳出行导向的改造时序控制进行引导。

围绕上述研究目标，需要对城中村地理单元的公交出行比例进行估计。因此，本章从空间的集计角度，通过对要素间空间效应的扩散程度进行定量研究，捕捉更新单元公交出行比例与建成环境要素之间通过空间相互作用的联系，并在此基础上估计各城中村更新单元的公交出行比例。

以往针对空间效应的研究主要集中在关于空间相关性和空间异质性的研究。正如地理学第一定律中所述，“空间上分布的事物是相互关联的，但距离近的事物之间的相关性大于距离较远的事物之间的相关性”[116]。在土地利用和交通行为关系研究中，空间相关性因其是空间溢出效应而广受关注，研究指出个体出行行为可能受到居住社区空间特征的影响[117-118]。空间自相关会导致建成环境与交通出行的关系产生偏差估计结果，忽略空间相关性可能会导致高估或低估建成环境的影响[117]。

在空间地理尺度划分上，研究建成环境对出行行为的影响时，一般是从设定的空间范围调查人们的出行行为，进而度量研究尺度内的建成环境要素指标，分析其对交通出行的影响。大多数研究以人口普查小区、交通分析小区或街道社区为基本尺度单元，这种人为的空间划分可能会导致如下现象发生：同一空间范围内的人们由于受到相同建成环境的影响，他们在出行行为的表现形式上存在某种程度上的相似性，而与其他空间范围内的群体之间产生了差别，这种现象称为空间异质性。Bhat 首次探讨了考虑空间异质性对分析出行方式选择的重要性，在对比有无考虑空间异质性的模型结果后，研究表明，忽略空间异质性将会导致错误的模型结果，影响分析结论的准确性[56]。丁川将空间异质性模型推广应用到分析建成环境对小汽车“拥有-选择-使用”的影响，认为空间异质性对出行决策的全流程都有重要影响[119]。

对于本章的研究问题而言，空间效应源于两个方面：①研究数据的空间数据，空间数据的嵌套关系体现为空间数据组织的层级关系以及空间尺度作用关系。②实践需求的空间属性，即城中村改造的空间效应属性。城中村改造是一个空间过程行为，改造对象的出行特征在空间集计过程中体现为空间溢出或空间竞争的空间依赖，在对某一城中村改造时，即某一城中村建成环境改变时，不能忽略对其他片区的影响，而这种影响正是通过空间依赖效应产生作用。因此，本书将从空间集计角度量化分析空间依赖效应，而空间异质性作为微观个体层面效应表现不作为本章分析要点，但是空间集计层面的空间尺度效应作为衡量地理单元尺度划分产生的干扰效应，纳入空间复合效应考虑。

综上，在城中村公交出行导向改造目标下，以城中村更新单元公交出行比例为研究对象，通过分析空间依赖性和空间尺度效应的复合效应，建立空间分层复合效应分析模型，解析建成环境如何通过空间复合效应影响地理单元之间的公交出行比例，以及受空间复合效应影响后，各城中村更新单元的公交出行比例如何变化，并在此基础上为城中村低碳出行导向的改造时序引导提供决策依据。本章研究结果对城市更新决策者和交通规划管理者理解城中村改造空间影响规律，借城中村改造契机高效优化交通出行结构，具有重要现实意义。

5.1 空间复合效应分析理论基础

5.1.1 空间信息

空间信息往往是指特定区域位置、形状和对属性特征的描述。空间数据是空间信息的载体，从表象上看空间数据并非单指空间信息，而是还要对空间数据的含义作出解释。在地理学中，地理空间是指物质、能量、信息的存在形式、形态、结构过程、功能关系上的分布方式和格局及其在时间上的延续。一组在空间上展布、具有地域特征、结构有序和功能互补的要素在空间上相互作用形成的一个空间信息集合，称为地理信息空间。

本书将建成环境和公共交通出行比例作为空间数据，赋予其空间信息的含义，同时，划定的分析区域构成地理信息空间。

5.1.2 空间尺度效应

尺度基本的含义是“用以对事物属性进行衡量、对比和判断的规范与标准”[120]。由于要将连续分布的空间对象以离散化形式进行描述和表达，尺度也因此成为空间对象表达的基本特征之一。人类在理解客观世界过程中，客观事物的现象不仅取决于事物本身，而且依赖于观察者所用的尺度。一定尺度上的现象并不完全提供我们想理解的感知要素的有效信息，然而，我们利用不同尺度去检验该感知要素，通常会有不同的现象，因此多尺度的模式才能反映出感知要素的自然特性。空间数据是地理信息的载体，是对地理现象的描述，在观察、理解和传播地理空间知识过程中，地理现象的表现不仅取决于其本身的特征，而且依赖于观察者所用的尺度和方向，错误地理解和处理尺度会影响地理推断和推理，并最终影响决策过程。尺度效应是一种客观存在的且用尺度表示的限度效应。只讲逻辑而不管尺度的无条件推理和无限度外延，甚至用微观实验结果推论宏观运动和代替宏观规律，这是许多悖谬产生的重要哲学根源。

地理采样常常基于一定大小的空间单元，在某些应用中要求对单元进行聚合从而获得较大尺度单元的结果，分析的详细程度和结果也会随之改变。多维、多源空间信息在信息相互作用中存在着密切的尺度依赖性：①空间关系是尺度依赖的，空间要素间的关系随空间尺度所改变。例如本书中土地利用混合在交通小区尺度分析中是重要影响因素，而在居住社区小尺度上 POI 混合度才是重要因素，土地利用混合度因素无重要意义。②空间属性是尺度依赖的，属性值的聚合与分割会产生新的空间目标和新的空间知识。

5.1.3 空间依赖性

空间依赖性是指一个区域的样本观测值和其他区域的观测值相关。其理论基础是地理学第一定律，即任何事物都相关，只是相近的事物关联更紧密[121]。区域之间要素的流动、溢出以及扩散，在地理空间上形成相互作用和相互影响，导致样本观测数据在空间上并非独立。观测数据的相关性强度会受到区域之间的相对位置与绝对位置的影响，表明不同区域之间发生的经济地理行为会存在空间交互作用，同时相距较近的事物一般比相距较远的事物存在更强的相关性。空间依赖可以定义为观测值及区位之间的依赖性。当相邻区域特征变量的高值或低值在空间上呈现集聚倾向时，为正的空间自相关；反之，当相邻区域特征变量取值与本区域变量取值高低相反时，则为负的空间自相关。

有两种情况会导致空间依赖性的产生：一种是出现测量误差；另一种则意味着空间相互影响的存在。根据 Cliff 等的空间过程理论，在一个空间场中，变量在某一单元的观测值，部分地取决于变量在其他单元的观测值。这一空间过程可通过下列关系来表达：

$$y_i = f(y_1, y_2, \cdots, y_n) \tag{5-1}$$

每一个变量观测值y_i都通过函数f与空间系统中的其他观测值相联系。通过对函数f定义一个特殊的空间过程表达式，可以限制空间依赖性的参数项，从而对其进行经验的估计和检验。

经济变量产生正向空间自相关作用时，则意味着相关的事物产生空间的集聚趋势，并具有明确的含义，数据特征表现在高值或低值区域有相应的高值或低值区域环绕；而负向空间自相关作用意味着相关的事物在空间上趋向于发生，而不相关的事物趋向于集聚，但并不总是具有明确的解释，数据特征表现在高值或低值区域有相应的低值或高值区域环绕。

空间相关性在空间回归模型中主要体现在因变量和误差项的滞后项，截面数据分析常用的空间计量分析模型主要有空间滞后模型（Spatial Autoregressive Model, SAR）和空间误差模型（Spatial Error Model, SEM）。两个空间计量模型描述的空间相关性来源不同，SAR 描述了不同区域因变量之间的空间相关性及其效应，SEM 描述了不同区域误差项之间的空间相关性及其效应，但这两个模型都没有考虑自变量之间的空间相关系以及对因变量的作用。两个模型的具体表达式如下。

（1）因变量中存在空间相关——空间滞后模型。

$$\boldsymbol{y} = \rho \boldsymbol{W}_{\mathrm{y}} + \boldsymbol{X}\boldsymbol{\beta} + \varepsilon，\ \varepsilon \sim \boldsymbol{N}(0, \sigma^2 \boldsymbol{I}_n) \tag{5-2}$$

式中：$\boldsymbol{y}$——因变量；

$\boldsymbol{X}$——自变量；

$\boldsymbol{\beta}$——自变量的系数；

$\boldsymbol{W}$——N阶空间权重矩阵，体现各相邻区域的相邻程度；

$\boldsymbol{W}_{\mathrm{y}}$——空间加权之后因变量；

$\boldsymbol{\rho}$——空间滞后项系数，即空间溢出性；

$\boldsymbol{\varepsilon}$——随机扰动向量。

其中，W_y是与i区域相邻的所有区域的加权求和后的一个新的综合变量，意味着i区域受到的影响不仅有i区域本身自变量对其的影响，还有相邻区域W_y对它的影响。当然，相邻区域可能不止一个，并且每个区域对区域影响的程度也可能有所不同，通过建立合理的空间权重，分析相邻区域对区域的影响。ρ表示与i区域相邻的W_y观测值对i区域的因变量观测值的影响程度和方向，如果$\rho > 0$，那么相邻区域对区域存在正的空间溢出性；反之，如果$\rho < 0$，那么相邻区域对区域存在负的空间溢出性。

（2）误差项中存在空间相关——空间误差模型。

$$y = X\beta + \mu,\ \mu = \lambda W\mu + \varepsilon,\ \varepsilon \sim N(0, \sigma^2 I_n) \tag{5-3}$$

式中：μ——随机扰动向量；

λ——因变量的空间误差系数。

λ表明了相邻区域观测值对本区域观测值的影响程度和方向，衡量了相邻区域因变量的误差冲击对本区域因变量观测值的影响，即空间依赖作用存在于随机扰动项中。空间效应外溢性主要来源于外部性，随机冲击导致外溢的作用较小，因此空间滞后模型更有利于解释空间溢出效应。

5.1.4 空间信息复合效应分析

空间信息复合分析的实质是应用多维、多源信息，采取多种分析方法对事物进行综合性认识的过程。各种综合性的信息也可以看作多源、多维信息被融合后的融合信息，信息融合强调的是对信息质量的增强，信息复合在这里更加强调信息的运动过程以及如何对这种运动过程进行反演，进而从机理上把握信息运动背后所蕴含的物质、能量的作用关系。因此，如果说信息融合是用“此信息”强化“彼信息”的过程，那么信息复合分析则是对信息运动过程背后的物质、能量运动关系的知识发现过程。

空间信息的尺度依赖特征使得空间信息呈现多态性变化，即反映空间状态的值随尺度而变化，这种改变在一定条件下会导致空间信息结构的变化；同时在某些情况下，研究对象之间复杂的相互影响可能造成空间依赖性和空间非均质性同时存在，因此多源、多维空间信息耦合关系表现为空间依赖性和空间非均质性作用下多尺度空间要素的信息与知识的跨尺度转换、推绎关系。空间信息的尺度依赖性、空间依赖性和空间非均质性本质特征决定了空间信息复合分析是多尺度、多维度空间数据处理问题。

在空间信息复合分析过程中，对于不同类型的数据，通过一定模式预处理后，不同来源、不同尺度、不同内容的空间信息能够统一于一个信息空间，从而可以对空间信息复合分析中的维度依赖性、属性依赖性、空间尺度效应等诸多方面进行研究。

5.2 城中村样本空间信息特征分析

5.2.1 城中村空间分布结构特征

（1）空间集聚显著。城中村的空间分布存在着集聚与碎片化并存的现象，空间分异明显。一方面，非正规住宅沿城中村主要道路呈明显的集聚分布，且具有一定的等级性，表现出和城市空间正规商业一致的集聚特征；另一方面，农村集体用地产权制度的边缘性和模糊性，导致了非正规住宅以村民宅基地为基本单元盲目扩张，形成了破碎的“马赛克”式空间格局，从而和城市正规商业空间分布特征明显不同。利用 ArcGIS 空间分析的 Kernel 插值方法计算深圳市城中村的密度分布，发现城中村的空间集聚特征明显并形成若干集聚区。原特区[1]内城中村的规模相对较小，原特区外邻近特区管理线[2]的区位条件较好，

[1] 1980 年成立时的深圳经济特区，包括罗湖、福田、南山和盐田四区。
[2] 1982 年，在原特区和非特区之间修筑了一条管理线，已于 2018 年撤销，为方便表述区域，本书沿用了此方式。

是承接中心城区功能扩散的主要区域，形成了包括宝安中心城、布吉街道、坂田街道、龙华街道等在内的规模较大的城中村集聚区。原特区外的工业和商业服务业中心也形成了城中村的空间集聚。

（2）圈层分化突出。以深圳市福田区中心为圆心，以 2km 为半径作缓冲区分析，结果表明，深圳市城中村“城中村”的圈层分异明显（图 5-1）。中间圈层城中村占比高，其中第 10 圈层占比最高，即距离福田中心 20km 的区域内城中村数量最多。

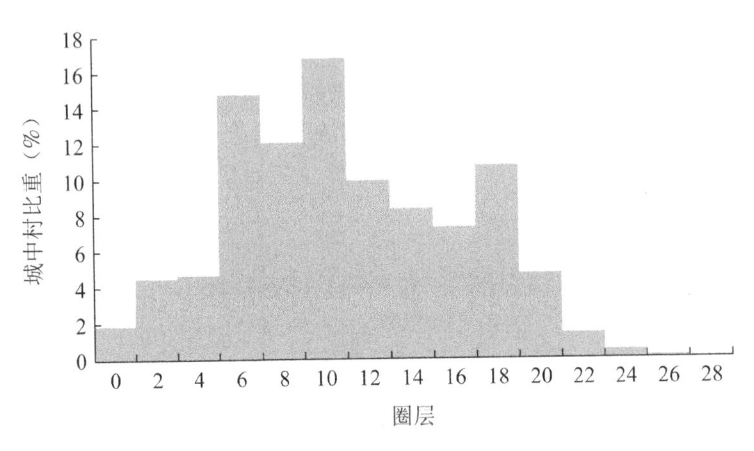

图 5-1　深圳城中村圈层分布比例

城中村的规模分布从城市中心到边缘呈先增长后降低的态势，在 1～10 圈层内规模比重呈波动式上升，第 10 圈层以外则呈波动式下降。随着城市化的纵深发展，中心区的城中村建设已得到有效控制；城市边缘地区的经济发展相对滞后，住房需求量较小，城中村的规模比重也相对较低；而处于中间圈层的特区管理线以及原特区外的次中心地区，正处于快速发展阶段且区位条件优越，外来人口集中且住房需求旺盛，城中村较为集中。时间维度上看，城中村的空间发展特征是逐渐向外圈层扩散，中心区城中村逐渐消失，而郊区出现新城中村。

（3）缓解居住空间分异。居住空间分异是城市空间分异的典型特征，是不同特征与阶层的人口在城市不同区域的聚居现象。我国大城市居住空间分异现象日趋严重，其成因要追溯到改革开放以来的经济体制变革。20 世纪 80 年代以来，我国的经济体制逐渐由计划经济转变为市场经济，社会经济结构和空间资源配置发生了巨大的转变，住房分配制度也随之终结。在城市快速发展和房地产市场逐步繁荣的过程中，城市居住空间分异现象日益严重。收入的差异性影响了市场资源分配，从而进一步加剧了居住隔离，具体表现为城市中心区的高额房价与租金以及低收入人群居住区的城市边缘化[122]。

城中村在空间与功能配置上对城市空间分异有一定的积极作用。城中村以其特殊的空间社会形态影响了城市空间异质导向。凭借着低廉的租金、便利的区位条件，城中村的租赁市场吸引了大量进城务工人员，其本身可视为一个生活成本低廉的同质化社区。一方面，在片区的尺度上，城中村与周边的城市空间存在巨大的隔离与差异，属于区域性的异质空间；另一方面，在城市尺度上，城中村的异质性也正缓解了城市中心区的空间同质性，增加了城市中心区阶层的多样性。理想的城市空间应当是相对均质的，城中村的出现是空间反抗的结果，它对城市空间异质化有“缓解器”的作用。

5.2.2 样本空间分布统计特征

本书开展的研究共调查了 316 个住宅小区，其中城中村小区 136 个、商品房小区 180 个。由于本书调查样本只包含了城市中几个重点更新区域，并没有对全市进行采样，且调查片区的集中与分散程度不一，不易进行空间邻近分析，因此需要先进行空间邻域划分。基于空间邻近原则，利用 ArcGIS 对城中村小区进行空间聚类，以 1.5km 作为空间邻域搜索范围，得到 20 个聚集片区分组。

表 5-1 展示了通过城中村调查样本片区的分组情况，其中 5 个组位于福田区，4 个组位于南山区，3 个组位于宝安区，3 个组位于罗湖区，2 个组位于龙华区，3 个组位于龙岗区。另外，第 1 组的城中村小区数量最多；第 3 组的商品房样本数量最多。

表 5-1　城中村调查样本空间分组

区域组别	城中村样本	商品房样本	城中村小区数量	商品房小区数量	所属行政区
1	1781	1658	17	16	宝安区
2	251	989	3	15	福田区
3	968	4144	6	24	南山区
4	666	421	10	4	龙岗区
5	390	40	7	1	宝安区
6	0	1544	0	7	罗湖区
7	335	1289	1	14	福田区
8	771	3310	12	22	龙华区
9	498	696	7	5	南山区
10	747	510	7	8	龙岗区
11	0	2386	0	13	罗湖区
12	13	1083	1	8	南山区
13	253	954	4	5	南山区
14	0	500	0	3	宝安区
15	508	1251	4	12	福田区
16	0	674	0	4	福田区
17	120	351	3	2	龙华区
18	167	376	3	5	龙华区
19	1671	2312	18	7	龙岗区
20	559	951	6	5	福田区
总计	9698	25439	136	180	—

基于以上样本邻近片区划分，选择两个典型分析片区，原则如下：首先基于样本区位，分别选择深圳市原特区内和特区外两个代表性区域，作为城市中心型城中村和城市边缘型城中村的两个典型代表；其次，在此基础上，分别从原特区内和原特区外的区域中选择城中村样本量最大的区域。因此，综合考虑样本数量、区域位置、住宅小区对区域的覆盖率等要素，选中表5-1中区域组别为1和3的区域，命名为“宝安1区”和“南山3区”。

由表5-2可见，位于原特区外的宝安1区的公共交通出行比例比位于原特区内的南山3区更低，南山3区的公交出行比例比总样本的公共交通出行比例均值稍高，而宝安1区的公共交通出行比例比总样本的公共交通出行比例均值略低。总体而言，两个样本区域的公共交通出行比例与总样本统计值接近，选取的样本代表性较强。

表5-2　两个区域的公共交通出行比例的统计值

区域公共交通出行比例	平均值	最大值	最小值	标准差
宝安1区	0.608	0.734	0.506	0.046
南山3区	0.627	0.750	0.528	0.069

另外，两个样本区域中作为自变量的区域建成环境统计见表5-3、表5-4。由于本章的解释变量为区域公共交通出行比例，建成环境变量与前两章相比作出了一定调整，更加适用于对公共交通出行比例的解释。

表5-3　宝安1区建成环境变量统计

变量名称	单位	最大值	最小值	平均值	标准差
人口密度	万人/km^2	8.004	0.003	2.152	1.781
建筑密度	m^2/km^2	0.378	0.001	0.201	0.086
POI混合度（熵指数）	无量纲	0.891	0.486	0.657	0.227

续上表

变量名称	单位	最大值	最小值	平均值	标准差
道路网密度	km/km^2	17.282	0.408	7.986	3.173
非机动车道比例	无量纲	1	0.165	0.365	0.143
到公共交通站时间	min	18.475	1.363	7.587	3.672
公共交通线网密度	km/km^2	35.069	0.681	3.599	4.558
公共交通站点密度	个$/km^2$	52.283	0.1	12.936	7.777

表 5-4　南山 3 区建成环境变量统计

变量名称	单位	最大值	最小值	平均值	标准差
人口密度	万人$/km^2$	9.137	1.136	3.283	2.914
建筑密度	m^2/km^2	0.498	0.121	0.321	0.206
POI 混合度（熵指数）	无量纲	0.921	0.016	0.787	0.357
道路网密度	km/km^2	19.082	2.208	9.786	4.973
非机动车道比例	无量纲	1	0.287	0.799	0.143
到公共交通站时间	min	12.631	1.714	6.379	2.168
公共交通线网密度	km/km^2	37.969	2.9	6.499	7.45
公共交通站点密度	个$/km^2$	54.083	1.94	14.736	9.577

总体来说，南山 3 区的人口密度、建筑密度、POI 混合度等建成环境指标统计值均高于宝安 1 区，符合深圳市原特区内人口密度和设施密度高于原特区外的普遍规律，也符合城市中心型城中村密度高于城市边缘型城中村的普遍规律。

5.3 空间分层复合效应分析模型建模

空间自相关是地理分析中的一个常见问题，它对统计方法的应用提出了重大挑战。在空间计量经济学中，已经发展了多种方法来克服空间自相关问题。例如，建立空间距离矩阵来表征不同空间区位与其他区位的地理关系，并将距离矩阵加入线性回归模型中，控制空间依赖性的影响。近年来，多层模型分析框架在空间相关分析中得到广泛应用。多层模型在考虑空间自相关的背景下，能够估算在同一个地理尺度上的不同个体之间，以及不同地理尺度上的群组之间的系数，在建成环境-出行行为研究中得到广泛使用[55,123]。具体而言，在线性回归中，非零空间自相关会导致二阶矩的估计量有偏差。因此，从普通最小二乘法得出的重要性推断可能是不正确的。目前，研究人员已经开发出几种方法来解决利用空间计量经济学方法进行的空间自相关。例如，可以构造一个空间连续性矩阵来表示不同位置在地理上是如何相互联系的[124]。通过在线性回归模型中添加此矩阵，我们可以控制空间依赖性的影响。另外，邻域之间的距离通常与不同的功能形式结合在一起，以表示更复杂的空间关系。由于未观察到的特征，同一地理级别中包含的这些基本单位可能在某些方面相似。多级模型是回归的扩展，可以通过估计随组变化的系数来考虑空间自相关。另外，可以通过采用多级模型来明确建模场所之间和基本单元之间的异质性[125]。具体而言，多级模型设置了个体之间和组之间的两个不同级别的方差，并且这些方差也可以由具有不同功能形式的预测变量来表示，以减轻同调假设，这使研究人员能够区分个体之间和群体之间存在的异质性。

本章建模的基本原理是基于数据的空间过程因子分析。基于数据的复合信息因子分析，其本质是通过建立复合空间信息及其影响因子之间的数学模型，对复合空间信息进行分类与评价。复合空间信息L与其空间过程因子可以用下列关系式表达：

$$L = f(A, B, C, \cdots) \tag{5-4}$$

式中：$A, B, C, \cdots$——与复合空间信息L相关的空间过程因子特征值。

函数的具体形式取决于空间过程因子对复合信息的影响方式，即空间相关性模型，在定性分析的基础上，分析得出空间相关性模型的最终形式。

模型综述：自变量$\boldsymbol{X}$是以地理单元计算的指标的正则化、标准化属性值构成的矩阵，$\omega_i(u_i, v_i)$是以空间单元间质心距离建立的相关系数构造的空间拟合权重矩阵。通过计算第一层模型参数能够获得空间单元的包含空间依赖性的回归系数$\hat{\beta}_j(u_i, v_i)$，通过计算第二层模型参数能够获得空间单元的尺度效应回归系数$\hat{\hat{\beta}}_j(u_i, v_i)$，$\hat{\hat{\hat{\beta}}}_j(u_i, v_i)$为空间单元上$\hat{\beta}_j(u_i, v_i)$和$\hat{\hat{\beta}}_j(u_i, v_i)$的组合系数，代表的是空间依赖性和空间尺度效应对空间单元的共同影响，根据$\hat{\hat{\hat{y}}}_i = \sum \hat{\hat{\hat{\beta}}}_j(u_i, v_i) x_{ij}$，计算得到地理单元的公共交通出行比例，在此基础上划分为几个特征片区。

5.3.1 分层线性模型原理

对于一个统计整体，在考虑背景效应情况下，每一组数据都有一个不同的回归模型，模型中有其自身的统计参数，因此，背景效应（组效应）对统计结果的影响可以通过对每一组数据建立的回归模型的统计参数的影响来体现[121]。这一思想形成了对数据进行“回归的回归”两阶段分析方法：在个体层上对数据进行回归分析，形成个体层回归参数，把这些统计量与第二层的变量（背景变量）一起进行另一个回归，形成综合回归系数。综合回归系数反映了数据的组内关系和背景效应的共同影响，在空间分析中可以用于解决空间依赖关系（组内关系）与空间尺度效应（背景效应）共同作用问题，这也是分层线性模型的基本运算原理，这一原理明确了跨级相关统计量的理论含义。分层线性模型对从数据组内效应、组间效应分析空间问题提供了一个技术途径。尽管分层线性模型与两次回归方法在概念上相似，但是它们的统计估计方法不同，分层线性模型使用收缩估计，比使用普通最小二乘法作为估计方法的两次回归模型更为稳定、精确[126]。

5.3.2 第一层模型——空间依赖效应模型

1）地理加权回归模型

在空间分析中，尺度效应和空间依赖性一直是困扰学者的两大难题，地理学第一定律的提出对解决空间依赖性起到了良好的指引作用，形成了地理加权回归（Geographical Weighted Regression, GWR）模型[127]。GWR 模型在经典回归模型基础上引入描述空间自相关和空间非平稳项，有效地克服了经典回归模型进行空间统计分析时的缺陷，形成了处理空间异质性和空间依赖性的综合模型[128]。因此，本书引用 GWR 模型作为空间信息分层复合分析模型的第一层模型——空间依赖模型。由于空间异质性的存在，不同的空间子区域上自变量和因变量之间的关系可能不同，因此就产生了很多试图处理空间异质性的局部空间回归方法，这种空间建模技术直接使用与空间数据观测相关联的坐标位置数据建立参数的空间变化关系。

GWR 模型的数学模型表达式为：

$$\boldsymbol{W}_i Y = \boldsymbol{W}_i \boldsymbol{X} \beta_i + \varepsilon_i \tag{5-5}$$

式中：β_i——与观测位置i对应的$(n \times 1)$个参数；

Y——在n个点上采集的因变量的$(n \times 1)$观测变量；

$\boldsymbol{X}$——$(n \times k)$阶的解释变量矩阵；

ε_i——位置i处的$(n \times 1)$阶服从方差为常数的正态分布的误差向量；

$\boldsymbol{W}_i$——$(n \times n)$阶对角矩阵，是观测点i到邻近观测点距离的函数。

GWR 模型产生n个这样的参数相邻的估计，即每个位置对应一个参数向量。根据近邻观测信息的子样本，使用局部加权回归获得空间上每一个点的参数向量的估计。

因此，GWR 模型的一般形式为：

$$y_i = \sum_{j=1}^{P} \beta_j(\mu_i, v_i)x_{ij} + \varepsilon_i \tag{5-6}$$

式中：y_i——因变量y在位置(μ_i, v_i)的观测值；

x_{ij}——解释变量x在位置(μ_i, v_i)的观测值；

$\beta_j(\mu_i, v_i)$——各建成环境影响因素在空间单元上的回归系数；

ε_i——误差项；

P——空间采样单元数量。

本章中，y_i即样本区域中各城中村公共交通出行比例观测值，x_{ij}为城中村小区i的第j建成环境变量观测值，P即一个区域中城中村小区的数量。

GWR 模型的参数通过在每一个位置(μ_i, v_i)处使用加权最小二乘法对系数进行估计，其最小化条件为：

$$y_i - \beta_1(\mu_i, v_i)x_{i1} - \beta_2(\mu_i, v_i)x_{i2} - \cdots - \beta_P(\mu_i, v_i)x_{iP} \tag{5-7}$$

根据最小二乘法理论，(μ_i, v_i)处参数估计为：

$$\hat{\beta}_j(\mu_i, v_i) = \left[\boldsymbol{X}^{\mathrm{T}}\boldsymbol{W}(\mu_i, v_i)\boldsymbol{X}\right]^{-1}\boldsymbol{X}^{\mathrm{T}}\boldsymbol{W}(\mu_i, v_i)\boldsymbol{Y} \tag{5-8}$$

式中：$\boldsymbol{W}(\mu_i, v_i)$——权重矩阵，在第一层模型中完成了空间异质性、空间依赖关系的局部线性回归。

结合本书数据的实际情况，采用了 7 个建成环境变量指标，标准化后的 GWR 模型如下：

$$\ln y_i = \beta_0(\mu_i, v_i) + \beta_1(\mu_i, v_i)\ln x_{i1} + \beta_2(\mu_i, v_i)\ln x_{i2} + \cdots + 7(\mu_i, v_i)\ln x_{i7} + \beta_8(\mu_i, v_i)w_i\ln x_{i1} + \beta_9(\mu_i, v_i)w_i\ln x_{i2} + \cdots + \beta_{14}(\mu_i, v_i)w_i\ln x_{i7} + \varepsilon_i \tag{5-9}$$

式中：$w_i(\mu_i, v_i)$——位置(μ_i, v_i)处的权重，是从位置(μ_i, v_i)处到其他观测位置的距离函数。

综上，一个区域的城中村平均公共交通出行比例表达如式(5-10)所示，其中N表示区域内城中村小区的数量。

$$\overline{y} = \frac{\sum_{i=1}^{N} y_i}{N} \tag{5-10}$$

2）空间权重矩阵

空间权重表示空间观测单元之间的相对位置。不同的空间权重计算方法会产生不同的空间自相关值和统计显著性的检验结果。空间权重矩阵的计算分为三种：一是基于地理空间的邻近特征构造的地理空间邻近权重矩阵；二是基于地理空间距离构造的空间距离权重矩阵；三是基于社会经济发展水平邻近特征的社会经济距离权重矩阵。空间权重矩阵是描述空间观测单元相对位置关系和空间向异性的重要变量。度量空间自相关必须首先研究观测单元的邻近特征、空间排列、相对位置。距离是决定空间相依性强度的重要因素。

空间权重的选取是空间计量模型中重要内容，空间权重是相邻区域被解释变量相联系的矩阵，是一种外生信息，并不需要通过空间计量模型估计获得。n维空间权重一般可表示为：

$$\boldsymbol{W} = \begin{bmatrix} w_{11} & w_{12} & \cdots & w_{1n} \\ w_{21} & w_{22} & \cdots & w_{2n} \\ \vdots & \vdots & \vdots & \vdots \\ w_{n1} & w_{n2} & \cdots & w_{nn} \end{bmatrix} \tag{5-11}$$

为了消除和减少各区域之间的外在影响，对空间权重矩阵进行标准化，使得各行元素之和等于1［即$w_{ij}^{*} = w_{ij} / \left(\sum_{j=1}^{n} w_{ij}\right)$］，对角线上的$w_{11}, w_{22}, \cdots, w_{nn}$权重设定为0，但各列元素之和并不一定等于1，表明空间权重矩阵并非一定是对称的空间矩阵。同时，空间权重一般采用相邻的概念进行设定，也就是说如果区域之间相邻，则各区域之间就存在空间相互作用。基于区域之间相邻而设定空间权重一般有高阶相邻矩阵与一阶相邻矩阵。

常用的空间矩阵赋值方法为对两个空间单元质心之间的距离的变化进行赋权。空间计量模型区别于普通的经济计量模型的关键在于空间权重矩阵，定义空间权重，首先要对空间单元的位置进行量化。对位置的量化一般根据“距离”而定。距离的设定必须满足有意义、有限性和非负性。通常采用的距离有邻接距离、地理距离、经济距离等。

邻接关系可以用相邻距离反映，是最常用的空间距离。通过空间中的相对位置定义相邻时，需要根据所研究区域的相对位置，决定哪些区域是相邻的，并用0或1表示，“1”表示空间单元相邻，“0”表示空间单元不相邻。

$$W_{ij}=\begin{cases}1，i\text{地区与}j\text{地区相邻}\\0，\text{不相邻}\end{cases} \tag{5-12}$$

当基于距离d的二进制相邻空间权重时，空间权重矩阵表示如下：

$$W_{ij}=\begin{cases}1，i\text{地区与}j\text{地区的距离}\leqslant d\\0，i\text{地区与}j\text{地区的距离}>d\end{cases} \tag{5-13}$$

为反映空间相关性随备选空间之间的距离增加而降低的特性，本书考虑相邻区域之间的空间溢出性，将空间权重$w_i(\mu_i,v_i)$定义为一个距离衰减函数，即：

$$w_j(\mu_i,v_i)=\exp\left[-\left(\frac{d_{ij}}{h}\right)^2\right] \tag{5-14}$$

式中：d_{ij}——小区和小区之间的距离（可用备选方案空间质心的距离）；

h——带宽。

5.3.3 第二层模型——空间尺度效应模型

由于第一层模型是未考虑尺度差异的线性组合模型，即没有考虑各因素观测值的采样尺度、各因素间可能存在的尺度效应相互影响，因而存在着信息损失。在第二层模型中要反映空间过程影响因素的尺度特征，进而推求尺度特征对空间信息复合分析的影响。基本思路是：在考虑空间尺度效应情况下，空间尺度效应对空间分析结果的影响可以看作通过对每一空间单元回归模型的截距和斜率的影响体现出来，因此可以通过进行"回归的回归"两阶段分析来建立包含空间依赖关系与空间尺度效应的空间单元回归模型，其基本思想为：①在空间单元上对数据进行地理加权回归分析，获取依赖关系的回归系数与空间尺度预测变量，共同建立第二层模型进行另一个回归，形成尺度效应回归系数；②通过收缩估计加权组合包含空间依赖关系的回归系数与第二层模型形成的包含尺度效应的回归系数，形成空间单元的组合回归系数，这一系数包含了空间依赖关系和空间尺度效应的共同影响。

GWR 模型中的空间单元回归系数$\beta_{i,j}(\mu_i, \upsilon_i)$反映了空间采样值的空间非均质性关系和空间依赖关系，由于其限制在一定带宽范围内，因而体现的是局部空间要素的相互作用关系，对$\beta_{i,j}(\mu_i, \upsilon_i)$进一步降低分辨率，能够使其更加具有区域整体特征，从而反映空间变量的尺度特征，具体方法是对$\beta_{i,j}(\mu_i, \upsilon_i)$再次利用$w_j(\mu_i, \upsilon_i)$进行加权组合，即对空间要素的局部作用关系进行拟合，形成$\beta_{i,j}(\mu_i, \upsilon_i)$的区域平均水平$\beta_{i,j}(\mu_i, \upsilon_i)$。

根据以上思想，第二层模型为：

$$
\begin{aligned}
&\beta_0(\mu_i, \upsilon_i) + \lambda_0(\mu_i, \upsilon_i) + \sum_{j=1}^{P} \eta_{0P}(\mu_i, \upsilon_i) t_{iP} + \mu_0 \\
&\beta_1(\mu_i, \upsilon_i) + \lambda_1(\mu_i, \upsilon_i) + \sum_{j=1}^{P} \eta_{1P}(\mu_i, \upsilon_i) t_{iP} + \mu_1 \\
&\vdots \\
&\beta_j(\mu_i, \upsilon_i) + \lambda_j(\mu_i, \upsilon_i) + \sum_{j=1}^{P} \eta_{jP}(\mu_i, \upsilon_i) t_{iP} + \mu_j
\end{aligned}
\tag{5-15}
$$

式中：t_{iP}——第二层预测变量；

η_{jP}——第二层预测变量的系数；

μ_j——$\beta_j(\mu_i, \upsilon_i)$的随机误差，代表第二层之间的变异。

其中：

$$\hat{\lambda}_j(\mu_i,v_i)=\overline{\beta}(\mu_i,v_i)=w_i(\mu_i,v_i)'\hat{\beta}_j(\mu_i,v_i) \tag{5-16}$$

以上构成了空间信息分层线性复合分析模型的基本模型。加入第二层信息预测变量影响后，两层模型形成完整的空间分层复合效应分析模型。

空间复合效应分层模型通过“回归的回归”两阶段分析来建立包含空间依赖关系与空间尺度效应的空间单元回归模型，第一层回归反映的是空间采样值的局部空间依赖关系，第二次回归反映的是空间关系的尺度转换，即将回归模型中自变量斜率所代表的局部尺度特征转换为区域尺度特征，因此空间复合效应分层模型较好地揭示了空间信息的复合机理。

5.3.4 参数估计方法

空间信息分层线性模型采用收缩估计。在第一层方程中利用 GWR 模型估计可以获得$\beta_j(\mu_i,v_i)$的估计$\hat{\beta}_j(\mu_i,v_i)$：

$$\hat{\beta}_j(\mu_i,v_i)=\left[\boldsymbol{X}^{\mathrm{T}}\boldsymbol{W}(\mu_i,v_i)\boldsymbol{X}\right]^{-1}\boldsymbol{X}^{\mathrm{T}}\boldsymbol{W}(\mu_i,v_i)\boldsymbol{Y} \tag{5-17}$$

从而能够得到$\hat{\beta}_j(\mu_i,v_i)$的区域变异$\theta=\mathrm{Var}\left[\beta_j(\mu_i,v_i)\right]$。

在第二层方程中够用$\hat{\beta}_j(\mu_i,v_i)$来替换$\beta_j(\mu_i,v_i)$，$\hat{\lambda}_j(\mu_i,v_i)$替换$\lambda_j(\mu_i,v_i)$得到：

$$\begin{gathered}
\hat{\beta}_0(\mu_i,v_i)+\hat{\lambda}_0(\mu_i,v_i)+\sum_{P=1}^{n}\eta_{0P}(\mu_i,v_i)t_{iP}+\xi_0\\
\hat{\beta}_1(\mu_i,v_i)+\hat{\lambda}_1(\mu_i,v_i)+\sum_{P=1}^{n}\eta_{1P}(\mu_i,v_i)t_{iP}+\xi_1\\
\vdots\\
\hat{\beta}_j(\mu_i,v_i)+\hat{\lambda}_j(\mu_i,v_i)+\sum_{P=1}^{n}\eta_{jP}(\mu_i,v_i)t_{iP}+\xi_j
\end{gathered} \tag{5-18}$$

ξ_j为$\hat{\beta}_j(\mu_i,v_i)$替换$\beta_j(\mu_i,v_i)$，$\hat{\lambda}_j(\mu_i,v_i)$替换$\lambda_j(\mu_i,v_i)$所产生的随机误差部分。

以$\left[\hat{\beta}_j(\mu_i,v_i)-\hat{\lambda}_j(\mu_i,v_i)\right]$作为观测值得到：

$$H=\hat{\beta}_j(\mu_i,v_i)-\hat{\lambda}_j(\mu_i,v_i)=\sum_{P=1}^{n}\eta_{jP}(\mu_i,v_i)t_{iP}+\xi_j \tag{5-19}$$

根据最小二乘法原理得到：

$$\hat{\eta}_{jP}(\mu_i,\upsilon_i)=\left[\boldsymbol{T}^{\mathrm{T}}\boldsymbol{W}(\mu_i,\upsilon_i)\boldsymbol{T}\right]^{-1}\boldsymbol{T}^{\mathrm{T}}\boldsymbol{W}(\mu_i,\upsilon_i)\boldsymbol{H} \tag{5-20}$$

根据$\hat{\lambda}_j(\mu_i,\upsilon_i)$、$\hat{\eta}_{jP}(\mu_i,\upsilon_i)$可以得到$\beta_j(\mu_i,\upsilon_i)$的第二个估计：

$$\hat{\hat{\beta}}_j(\mu_i,\upsilon_i)=\hat{\lambda}_j(\mu_i,\upsilon_i)+\sum_{P=1}^{n}\hat{\eta}_{jP}(\mu_i,\upsilon_i)t_{iP} \tag{5-21}$$

从而能够得到$\hat{\hat{\beta}}_j(\mu_i,\upsilon_i)$的区域变异$\psi_j$：

$$\psi_j=\mathrm{Var}\left[\hat{\hat{\beta}}_j(\mu_i,\upsilon_i)\right] \tag{5-22}$$

至此，$\beta_j(\mu_i,\upsilon_i)$有两个估计，一个是利用第一层变量进行的GWR估计得到的，另一个是利用第二层变量结合第一层模型参数估计值得到的，最后对两个参数进行综合，即利用信度对这两个估计值进行加权：

$$\hat{\hat{\hat{\beta}}}_j=\lambda_j\hat{\beta}_j+(1-\lambda_j)\hat{\hat{\beta}}_j \tag{5-23}$$

信度λ由下式得到：

$$\lambda_j=\frac{\theta_j}{\theta_j+\psi_j} \tag{5-24}$$

λ反映了空间依赖性与空间尺度效应对总体变异（Y的变异）的影响程度。以上参数估计过程均采用Stata计算。

5.4 结果分析

5.4.1 参数估计结果

由第一层模型计算得到两个样本区域的$\bar{\beta}$估计值，见表5-5。

表5-5 两个样本区域$\bar{\beta}$参数估计

符号	变量名称	$\bar{\beta}_{宝安1}$	$\bar{\beta}_{南山3}$
C	常数	−1.562**	−2.336**
X1	人口密度	0.391***	0.955*

续上表

符号	变量名称	$\bar{\hat{\beta}}_{宝安1}$	$\bar{\hat{\beta}}_{南山3}$
X2	建筑密度	0.517^{**}	0.955^{***}
X3	POI 混合度	-0.327^{**}	-0.674^{**}
X4	路网密度	0.537	0.247
X5	非机动车道比例	−0.289	−0.499
X6	到公共交通站点时间	0.524	0.395
X7	公共交通线网密度	-0.042^{*}	-0.616^{*}
X8	公共交通站点密度	-0.038^{***}	-0.209^{***}
WX1	W 人口密度	-0.708^{**}	-0.341^{**}
WX2	W 建筑密度	−0.903	−0.396
WX3	W POI 混合度	0.593^{**}	0.299^{**}
WX4	W 路网密度	−0.797	−0.905
WX5	W 非机动车道比例	−0.699	−0.255
WX6	W 到公共交通站点时间	0.047	0.069
WX7	W 公共交通线网密度	0.642	0.598
WX8	W 公共交通站点密度	-0.557^{*}	-0.488^{*}
	ρ	0.414^{***}	0.351^{***}
	R^2	0.638	0.621
	log-likelihood	601.3	589.1
	LR-test	511.5	488.6

在考虑了空间尺度效应后，经过第二层模型的两次参数收缩估计，β的最终估计结果$\bar{\hat{\hat{\beta}}}$见表 5-6。

表 5-6 两个样本区域参数估计$\bar{\hat{\hat{\beta}}}$的平均值

符号	变量名称	$\bar{\hat{\hat{\beta}}}_{宝安1}$	$\bar{\hat{\hat{\beta}}}_{南山3}$
C	常数	0.638**	0.913
X1	人口密度	0.007**	0.197**
X2	建筑密度	0.366**	0.793***
X3	POI 混合度	0.809**	0.286*
X4	路网密度	0.183	0.097
X5	非机动车道比例	−0.721	−0.235
X6	到公共交通站点时间	−0.581	−0.814**
X7	公共交通线网密度	0.448*	0.485
X8	公共交通站点密度	0.091*	0.908***
WX1	W 人口密度	−0.832**	−0.448***
WX2	W 建筑密度	−0.606	−0.809
WX3	W POI 混合度	0.257**	0.666**
WX4	W 路网密度	−0.753	−0.996
WX5	W 非机动车道比例	−0.081	0.708
WX6	W 到公共交通站点时间	0.078	−0.091**
WX7	W 公共交通线网密度	0.057	−0.213
WX8	W 公共交通站点密度	0.766**	0.812*
	ρ	0.296***	0.262***
	R^2	0.796	0.665
	log-likelihood	563.8	543.2
	LR-test	463.4	426.7

首先，从表 5-6 中宝安 1 区的参数估计结果来看，划定区域内城中村人口密度（X1）、建筑密度（X2）、POI 混合度（X3）、公共交通线网密度以及公共

交通站点密度皆对城中村公共交通出行比例起显著的正向促进作用，其他建成环境要素的影响不显著。

建成环境变量的权值矩阵交互项（表 5-6 中 W 和变量名称的乘积变量，即 WX1～WX7）为空间滞后变量，其对应的参数估计结果表示该区域的公共交通出行比例受到相邻小区的建成环境的空间滞后效应影响。在显著性影响水平的前提下，当交叉项（WX1～WX7）的系数符号与原建成环境变量（X1～X7）的系数符号一致时，说明存在空间溢出效应，即该区域的公共交通出行需求与邻居区域的建成环境呈正相关关系，反之为空间竞争效应。

从表 5-6 中宝安 1 区的结果可以看出，人口密度（WX1）、土地利用混合度（WX3）和公共交通站点密度（WX7）都存在显著的空间滞后效应。其中，WX3 和 WX7 表现为空间溢出效应，表明提高该区域某城中村小区的 POI 混合度（WX3）或增加该城中村小区的公共交通站点数量（WX7），不仅可以促进本小区的公共交通出行比例提高，也可以促进邻近小区的公共交通出行比例提高，说明 POI 混合度的提高和公共交通设施的增加可以通过吸引相近区域的人更多选择公共交通出行而放弃个体机动化出行。而 WX1 表现为空间竞争效应，即城中村居住密度（WX1）的提高虽然会引起本小区公共交通出行比例的增加，但是会导致相邻小区出行需求减少，说明人口密度对区域公共交通出行的吸引表现出一定的虹吸效应。

从表 5-6 中南山 3 区的结果看，建成环境对区域公交出行比例的影响与宝安 1 区结果基本一致，人口密度（WX1）、POI 混合度（WX3）和公共交通站点密度（WX7）都存在显著的空间滞后效应，另外到公共交通站的步行时间（WX6）也存在显著空间滞后效应。其中，WX3、WX6 和 WX7 对区域公共交通出行的影响表现为空间溢出效应，而 WX1 对区域公共交通出行的影响表现为空间竞争效应。

综上，宝安 1 区和南山 3 区的建成环境对公共交通出行影响的表现基本一致，POI 混合度、公共交通站点密度皆表现为空间溢出效应，而居住密度表现为空间竞争效应。两个区域的结果稍有差异，主要表现在两个方面：南山 3 区中的空间溢出效应建成环境变量数量更多，除了前述 3 个空间溢出效应变量，到公共交通站点步行时间也表现为空间溢出效应；南山 3 区的建成环境系数参数估计值的绝对值普遍比宝安 1 区的相应值大，即南山 3 区建成环境的影响力更大。从以上两点结论可以推论，城市中心型城中村区域的空间相关性比城市边缘型城中村更加显著，且可通过空间溢出效应提高城中村改造效率的途径更多。在此结果的基础上，重新估计区域内各城中村的公共交通出行比例，对区域内城中村公共交通出行比例进行排序，可作为城中村低碳导向改造时序的参考依据。

5.4.2 模型适配度指标对比

本章建立的空间分层复合效应分析模型分别考虑两种空间效应：第一层考虑空间依赖效应，第二层考虑空间尺度效应。第一层模型——空间依赖效应模型，采用的是 GWR 模型，因此，本章的空间复合模型是 GWR 模型的一种发展。第二层模型为空间尺度效应模型，反映的是空间关系的尺度转换，即将第一层回归模型中自变量斜率所代表的局部尺度特征转换为区域尺度特征，与多尺度地理加权回归模型（MGWR）皆属于反映空间尺度效应的一种形式。

因此，将本书模型适配度指标与 GWR 和 MGWR 进行比较，检验本章构建模型的优越性。三种模型的适配度指标比较结果见表 5-7、表 5-8。利用赤池信息量准则（Akaike Information Criterion, AIC）、贝叶斯信息准则（Bayesian Information Criterion, BIC）和残差平方和指标对模型的拟合效果进行评价。AIC、BIC 值和残差平方和越小，模型的拟合效果越好。

表 5-7　宝安 1 区模型适配度指标比较

适配度指标	GWR	MGWR	空间复合效应模型
R^2	0.621	0.682	0.796
AIC	6487.2	5997.1	5836.2
BIC	63842.3	59689.4	51156.3
残差平方和	488.6	432.8	426.7

表 5-8　南山 3 区模型适配度指标比较

适配度指标	GWR	MGWR	空间复合效应模型
R^2	0.458	0.527	0.665
AIC	5966.4	5897.3	5316.9
BIC	55837.6	49636.4	45823.6
残差平方和	751.2	725.8	628.1

由表 5-7 和表 5-8 的模型比较结果可知，三个模型的 AIC 值、残差平方和呈阶梯式降低，拟合优度R^2逐渐递增，表明本章构建的空间分层复合分析模型取得了更接近真实值的拟合效果。其中，残差平方和更小，说明使用更少的参数得到了更接近真实值的回归结果。因此，本章构建的空间复合效应分析模型是一种更有效的研究空间效应的建模方法。

5.4.3　低碳出行导向的改造时序引导

根据$\hat{\hat{y}} = \sum_{j=1}^{7} \hat{\hat{\beta}}_j(u_i + v_i)x_{ij}$计算得出，两个区域公共交通出行比例解释变量观测值总体变异，结果见表 5-9、表 5-10。

表 5-9　宝安 1 区城中村小区公交出行比例估计值$\hat{\hat{y}}$

城中村小区编号	y观测值	$\hat{\hat{y}}$估计值	变化率（%）
1	0.57	0.55	−3.62
2	0.59	0.61	2.75
3	0.60	0.57	−4.45

续上表

城中村小区编号	y观测值	$\hat{y}$估计值	变化率（%）
4	0.59	0.57	−3.16
5	0.62	0.58	−6.62
6	0.65	0.62	−3.72
7	0.59	0.67	12.52
8	0.58	0.63	8.61
9	0.60	0.56	−5.18
10	0.55	0.64	16.77
11	0.56	0.68	20.19
12	0.61	0.65	7.21
13	0.66	0.64	−2.86
14	0.63	0.62	−1.78
15	0.57	0.58	2.19
16	0.61	0.64	4.53
17	0.63	0.63	0.04
均值	0.60	0.61	2.55

表 5-10　南山 3 区城中村小区公交出行比例估计值$\hat{y}$

城中村小区编号	y观测值	$\hat{y}$估计值	变化率（%）
1	0.64	0.59	−8.86
2	0.62	0.60	−3.59
3	0.67	0.67	0.68
4	0.60	0.69	14.00

续上表

城中村小区编号	y观测值	$\hat{y}$估计值	变化率（%）
5	0.58	0.62	7.42
6	0.65	0.62	–3.19
均值	0.63	0.63	1.08

结果反映了空间依赖性和空间尺度效应对总体变异的影响程度，某些城中村的公共交通出行比例的调查样本存在高估或低估的情况。由表 5-9 可知，宝安 1 区内城中村的公共交通出行比例估计值与观测值有所差异，总体上，该区域的公共交通出行比例估计值比观测值提升 2.55%，其中，编号为 2、7、10、11、12、15、16、17 的城中村公共交通出行比例估计值提升；编号为 1、3、4、5、6、9、13、14 的城中村公共交通出行比例的估计值降低。在考虑了空间复合效应之后，区域整体的公共交通出行比例变化不大，但是区域内部每个城中村单元的估计值变化不一，说明在空间依赖效应和空间尺度效应的影响共同作用下，城中村之间存在公共交通出行的转移。在改造过程中，对考虑了空间复合效应情况下，公共交通出行需求高的城中村要在更新时序上优先考虑（如排序靠前的编号为 11、7、12 等城中村小区），并优先整治能促进公共交通出行选择且具有空间溢出效应的建成环境变量，包括 POI 混合度和公共交通站点密度。

由表 5-10 可知，南山 3 区内城中村的公共交通出行比例估计值与观测值有所差异，总体上，该区域的公共交通出行比例估计值比观测值提升 1.08%，其中编号为 4 和 5 的城中村公共交通出行比例估计值提升，编号为 1、2、3 和 6 的城中村公共交通出行比例的估计值降低。在考虑了空间复合效应之后，区域整体的公共交通出行比例变化不大，但是区域内部每个城中村单元的估计值变化不一，说明在空间依赖效应和空间尺度效应的影响共同作用下，城中村之间存在公共交通出行的转移。在改造过程中，对在考虑了空间复合效应情况下，公共交通出行需求高的城中村要在更新时序上优先考虑（如排序靠前的编号为4、3等城中村小区），并优先整治能促进公共交通出行选择且具有空间溢出效应的建成环境变量，包括POI混合度、公共交通站点密度以及到公共交通站点的步行时间。

另外，通过对宝安1区和南山3区的参数估计结果和公共交通出行比例估计值变异结果的对比可以发现，宝安1区建成环境溢出效应程度更强，对公共交通出行比例的提高也更多，因此，此结果也可以为不同区位城中村在空间上的更新时序控制提供参考。

城中村改造时序是实现存量用地提质、增效的路径。研究结果从城中村公共交通出行需求高低方面对低碳出行改造时序控引导提供科学参考，但是城中村改造时序控制不仅是单一方面指标，更涉及社会、经济等多方面要素，需要针对城中村时序引导研究课题建立更加完整综合的评价指标体系。本书基于深圳市城中村更新单元的更新时序引导进行探讨，以期能为其他类似地区的城市更新单元更新时序控制和规划决策提供参考。

5.5 本章小结

本章以城中村更新单元公共交通出行比例为研究对象，通过分析空间依赖性和空间尺度效应的复合效应，建立空间分层复合效应分析模型，解析建成环境如何通过空间复合效应影响地理单元之间的公共交通出行比例，以及受空间复合效应影响后，各城中村更新单元的公共交通出行比例变化情况，并在此基础上为城中村低碳出行导向的改造时序引导提供决策依据。

结果可以归纳为以下三点：第一，建成环境变量对公共交通出行的影响同时表现出空间竞争效应与空间溢出效应。由于空间溢出效应表示影响因素的影响空间范围更广，因此在进行城中村改造时，在时间和资金有限的情况下，可以优先调整有空间溢出效应的建成环境变量（公共交通站点密度和POI混合度），其次考虑一般空间相关变量，而对于有空间竞争效应的建成环境变量（人口密度）应该加以控制。第二，在经过两层（三次）空间相关关系系数估计后，各城中村的公共交通出行比例估计值受复合效应的影响产生变异，区域内各城中村的公共交通出行比例高低可以作为更新时序的参考，从鼓励公共交通出行、优化城市出行结构角度，在城中村改造时，可以优先考虑公共交通出行需求大的城中村小区。第三，不同区位的城中村影响受空间依赖和空间尺度两种复合效应的影响不同，在城中村更新改造时要根据城中村的区位类型具体分析。

第6章

政策建议与总结

6.1 深圳市低碳出行导向的城中村改造建议

城中村改造常常局限在改造的城中村本身，但是城中村的改造是提升整体城市形象和城市化水平的一项任务，不应当禁锢在相对静止封闭的城中村视野，而应定位在更为广阔的城市空间视野[129-130]。城中村改造对于土地利用和交通规划来说是第二次发展的机会，加强城市交通规划与城市土地利用规划的协调与配合，同步制定好城市土地利用规划与城市交通规划，配合好土地利用布局调整与总体规划的编制，是实现二者协调发展的必经之路。城市更新是城市自我完善的重要发展过程，也为城市交通系统的重塑与纠错提供了宝贵的发展契机。本书立足于交通领域，从个体出行行为着手，发现城中村改造中的关键建成环境因素以及各要素互动关系，提出推动深圳市城中村低碳出行导向的改造建议。

6.1.1 精细化改善城中村建成环境

1）完善公交服务设施，提高公交站点可达性

从出行特征来看，由于城中村流动人口和低收入人口相对较多，一般情况下，城中村居民机动化出行能力较弱，但仍有着较高的出行需求。在开展城中村地区相关的改善规划时，如以综合整治为主的城市更新，应认识到城中村居民日益增加的生活出行需求。随着收入增加，可以预见弹性机动化出行也将继续增长，规划应在城中村周边增加相应的配套商业设施，就近平衡居民的弹性出行需求。在出行方式方面，公共交通是城中村居民出行的主要方式。在居民小汽车拥有水平较低、机动化能力受限的情况下，常规公交、轨道交通等公共交通仍是居民高峰通勤出行与平峰出行的主要方式。因此，在进行公共交通规划时，针对公交出行方面，除了考虑公交覆盖，还需进一步评估片区在各个方

向的出行需求与公交供给的匹配度。公交服务水平的提升，不仅有利于缓解片区交通拥堵，同时有利于减缓私人交通的增长。

具体的改善公交服务的措施包括利用公交专用车道、公交信号优先等手段，保障公交运行可靠性；推行针对城中村居民的个体化定制公交，对城中村片区制定微循环公交路线，优化公交服务体系。

从影响城中村出行方式选择的建成环境要素来看，缩短到公交站点的步行时间、提高公交站点密度对居民出行方式选择的影响很大。不管是否考虑居住自选择效应，提高公交站点的可达性都对促进居民绿色交通出行具有显著积极意义。因此，在城中村综合整治过程中，除了要注重增设公交站点，还要重视缩短到公交站点的步行时间，打通城中村断头路，减少步行绕行距离，设计可达性高的居住地到公交站点步行路线。同时，还要优化步行设施、自行车停车设施，完善公交接驳。深圳尚处于城市快速发展中，城中村的综合整治要兼顾公交站点的空间布局和整体数量，提高公交设施的服务范围。

2）提高 POI 多样性，合理控制城中村密度

以前的研究大多探讨土地利用混合度与出行方式选择的关系，虽然得到显著影响结果，但研究结果对实践指导意义不大，尤其对城中村改造这种“修补式”的城市更新类型，土地利用混合度改变的可能性不大。但是，本书采用的 POI 混合度不仅从科学含义上更能体现出行活动的多样性，也具有灵活易调整的特性。本书研究结果表明，提高 POI 混合度对城中村的低碳出行有显著积极意义，因此应该注重在城中村改造过程中引入多类型的 POI，避免 POI 的单一化。可以通过政府部门提出商业化多样性改善意见、村委会具体执行的办法合理规划和引进多样化的商业服务，避免商业服务的单一性。

另外，本书研究结果表明，密度（居住密度和建筑密度）的提高不能再促进低碳出行选择，反而会抑制低碳出行选择，因此应该采取合理手段控制城中村密度。控制建筑密度可以从法律监督、行政处罚等方面入手，防止城中村继续加盖

违章建筑，并适当拆除危楼等不适宜居住的“农民房”；而控制居住密度可以通过对城中村“农民房”的内部结构改造或城中村建筑功能改变来降低人口密度。

3）构建小街区步行网络，提高步行设施连通度

本书研究结果表明，提高人行道比例、交叉路口密度、减少断头路可以显著促进城中村慢行出行方式的选择。因此，城中村改造中需要注重构建连通度良好的步行街区网络，提高居住地点到公共交通站点和日常购物目的地的步行可达性，设计环境适宜的人行道、连廊等步行设施，利用城中村小街区尺度的高度连续型和渗透性促进街区活化。

另外，可以根据城中村小街区特点创造紧密联系多样功能的全步行系统。利用人行道、地下街、天桥、商业空间内庭等区域要素构建系统化的通行网络；不仅强调能使用，且兼顾空间与人的关系。全步行就是对空间宜人的强调，通过机动车禁行管理排除机动车干扰。

4）控制小汽车拥有，与建成环境改善策略配合实施

由于小汽车拥有中介作用的存在，影响了建成环境对出行方式选择的直接效应，虽然城中村居民小汽车拥有水平低，但是控制小汽车数量的作用却十分显著。在改善建成环境要素时，如果没有配合控制小汽车拥有的有效措施，可能导致建成环境改善措施的效果减弱。因此，城中村改造中对于建成环境的改善不能单一追求某一指标的提高，而是应该将各指标改善措施配合实施，以达到同时降低小汽车拥有和促进低碳出行方式选择的效果。因此，在城中村改造过程中应该加强各部门沟通协调，保障多种有效措施同时实施。

具体的控制小汽车拥有的措施包括停车措施以及差异化道路分类措施。停车措施包括优化停车收费标准、动态调整停车位数量等；差异化道路分类可以将城中村道路分为综合型道路（主体功能是强调整体交通使用效率，保证机动车、非机动车快速通过）、生活型道路（强调与两侧地块服务功能相结合，保证车流出行的可达性）和一般街巷（以步行通行为主，保证街道空间的连续性）。

6.1.2 城中村改造与轨道交通协调发展

本书以城中村与轨道交通站点的相对位置表示城中村居民居住位置的选择，从居住地选择和出行行为同时决策角度继续深入探讨建成环境对出行行为的影响，研究结果从城中村改造与轨道交通建设关系方面为城中村低碳出行改造提供指导方向。

1）加强步行系统与轨道交通站点衔接

首先，无论城中村居民生活方式倾向属于何种类别，他们对邻近轨道交通居住的偏好都是一致的，可见轨道交通出行需求是城中村居民出行选择的“底色”，且通过本书调查样本统计发现，近 80%的城中村小区分布于距离轨道交通站点 1km 范围内。其次，轨道交通站点周边的城中村小区常规公交和慢行出行比例也高，可见大运量的轨道交通与常规公交和慢行方式相辅相成、互相补充，有利于形成全链条低碳出行方式。

因此，保障城中村居民的轨道交通出行是满足城中村居民出行需求的首要任务，提高城中村到轨道交通站点的可达性是城中村改造的重点工作之一。在轨道交通站点已经建设完成的现状条件下，可以通过配合以区域步行系统的优化，结合轨道交通站点进行城中村改造。一方面，步行客流是城市轨道交通系统的首要服务对象；另一方面，轨道交通的吸引力也依赖于良好有序的步行环境支持。因此，对于轨道交通站点的城中村，注重步行系统与轨道交通站点的衔接，在沿线承载更多日常活动，利用人行道、地下通道、过街天桥、商业空间内庭等区域要素构建系统化的步行网络，创造紧密联系的多样功能的全步行体系。

2）轨道交通规划建设与城中村改造同步进行

目前深圳市正处于轨道交通大规模建设时期，城中村综合整治也进入常态化阶段，然而轨道交通规划建设与城中村改造的联系并不强。首先，从城中村改造视角来看，城中村改造过程中应该对城中村用地进行合理的功能分区，不应局限于原有的用地功能和划分，应与轨道交通站点的区位及周围片区协同考虑，将其作为一个整体来进行城市更新。其次，从轨道交通规划建设视角来看，通过低碳导向城市更新可以提高城市发展“韧性”，形成以轨道交通站点影响周边城中村区域的多方整合共生共荣模式。共生共荣策略需要借助轨道交通在城中村出行中的优势度，利用轨道交通快速聚集和疏散人流的能力，并结合高密度城中村建成环境的实际情况，探索轨道交通发展引领模式下的城中村改造策略。以轨道交通规划建设为催化剂，通过交通引领、板块协同，从轨道交通的资源性、公益性、效益外部性探索与城中村改造的结合之道。

轨道交通站点周边的城中村更新应当充分利用站点的“催化转换器作用”，提高土地利用效率。借鉴站城一体化理念对轨道交通站点及周边城中村的综合更新，将轨道交通与城中村空间和居民生活相融合，可大大提高城市发展效率、提升城市活力。站城一体化模式以轨道交通为核心，将交通运输空间、城市公共空间和城中村居住区作为一个整体进行统筹更新规划，形成交通引领、板块协同的更新理念。

另外，由于城市更新和城市轨道交通分属不同管理部门，资源缺乏共享，因此二者在共同规划方面存在较大难度，故打通政府管理部门之间的行政壁垒也是城中村改造与轨道交通协同发展的重点工作。按照“与轨道交通建设同步实施一批、结合城中村改造快速推进一批”的原则，分阶段系统推进片区交通设施建设。为保证交通规划和城中村改造策略的具体落实，政府可成立联合管理部门在城市更新单元和轨道交通设施建设过程中总体把关，保障城中村改造与城市交通升级同步完成。

6.1.3 低碳导向和动态规划理念指导城中村更新时序

1）基于建成环境溢出作用的改造重点

在进行城中村改造时，在时间和资金有限的情况下，可以优先调整对促进城中村公共交通出行有空间溢出效应的建成环境变量，如公共交通站点密度和POI 混合度，其次考虑一般空间相关变量，而对于有空间竞争效应的建成环境变量（人口密度）应该加以控制。

本书通过两个案例区域研究结果对比表明，不同区位的建成环境溢出效应特征不同。为了能够充分发挥建成环境对公共交通出行溢出效应的影响力，最大化公共交通设施的使用效率，可以结合城市中的轨道交通站点圈层化分区，利用轨道交通的传导渠道，通过建成环境溢出效应的传导作用，将人口演化方向引导到更符合公共交通出行发展需求的方向上，并利用市场选择规律，逐步淘汰人口密度低的城中村。因此，这一研究结果也可以为划分城中村拆除重建和综合整治类型提供依据。

2）基于空间复合作用的城中村改造时序引导

以城中村的公共交通出行比例高低作为更新时序、控制时序的重要参考依据。在城中村改造时，从鼓励公共交通出行、优化城市出行结构角度，可以优先考虑公共交通出行需求大的城中村小区。综合划分更新单元，更新单元的划分上既要考虑更新单元的数量和规模，也需考虑更新单元内部各项特征的一致性，内部特征相似性大，便于展开评价及更新时序控制确定。

另外，城中村改造是个动态过程，既要契合城市规划的目标蓝图，也要重视改造措施的实施可行性，让城中村改造成为一个不断模拟、反馈、重新模拟的循环过程，通过周期循环的连续过程让城中村改造更好地与城市发展相协调。而且，城市发展到不同阶段对城中村改造的要求可能也会发生变化，因此城中村改造要为未来发展预留空间，利用好城中村在城市发展中的弹性作用，释放交通活力和土地活力。

最后，从操作层面上看更新时序引导，需要提前厘清市场主体积极性和政府介入强度的关系，以达到提高城中村改造效率的效果。比如，POI 多样性可以通过市场主体参与进行改善，而公共交通设施配设等需要政府强力介入。因此，政府可以在实施改造措施的同时，吸引市场主体参与，在资金和时间限制情况下同步改造多元建成环境要素，提高改造效率。总之，在城中村改造之前应进行充分论证，为适应城市规划与交通规划要求，需要从交通规划层面提供更新时序评价依据，进而宏观统筹。

6.2 总　　结

本书将城中村作为研究对象，在综合整治更新背景下建立城中村建成环境对交通出行行为影响的分析框架，通过要素解析及度量、影响机制建模、实证分析形成“特征分析—关系建模—机理剖析—政策建议”的研究体系。本书研究结论归纳如下：

（1）构建了城中村出行选择行为的SEM-Mixed loigt整合模型，将小汽车拥有和出行距离作为中介变量，揭示了建成环境对出行选择行为的直接效应、间接效应和总效应。提高城中村公共交通站点密度、减少到公共交通站点的步行时间、打通断头路、提高POI混合度可以促进城中村居民公共交通出行选择。城中村建成环境对出行方式选择影响结果的特殊性体现在两个方面：第一，提高居住密度反而会抑制公共交通出行选择；第二，长距离出行中，公共交通出行选择概率更高，城中村居民的小汽车拥有水平很低，在长距离出行中会更大概率选择公共交通出行。

从中介变量本身的影响来看，小汽车拥有本身以及通过出行距离中介作用对公共交通出行方式选择表现为显著负向总效应，即小汽车拥有水平越高，公共交通出行方式选择概率越低。然而，出行距离对公共交通出行方式选择表现为显著正向直接效应，即出行距离越长，选择公共交通出行方式的概率越大，而不是以往研究认为的选择小汽车出行的概率越大。与传统方法相比，考虑了小汽车拥有和出行距离的中介作用，可以解析建成环境对出行方式选择的内在影响机理，从而避免高估或低估建成环境的影响，进而避免采取错误的建成环境改善措施。

（2）通过建立非递归异构数据通用模型，在居住地不确定前提下考虑居住自选择效应的干扰，从城中村居民的居住地和出行行为联合选择层面分析建成环境的影响，最终得到城中村建成环境对出行行为的“净”影响。在研究方法层面，构建的含潜变量的非递归异构数据通用模型，主要解决了三个技术问题：结果变量数据异构问题、潜变量的构造问题以及结果变量相互影响的非递归性问题。

居住地位置、小汽车拥有、出行距离和出行方式选择间的内生效应表明，在考虑潜变量结构所引起的因变量间的联合作用后，居住位置会影响城中村居民小汽车拥有决策和出行方式选择决策。当居民选择居住在远离轨道站点的城中村小区时，会作出购买小汽车及更多采用小汽车方式出行等出行行为决策。小汽车拥有和居住位置是互反关系，即城中村居民在的居住地选择决策与小汽车拥有决策互为因果。城中村居民在购买小汽车时会考虑自己的居住位置，在选择居住位置时也会考虑自己的小汽车拥有情况。

居住地位置与出行距离没有显著的直接因果关系，对城中村居民而言，居住地点与轨道交通站点的远近并不直接影响其出行距离，即使邻近轨道站点也可能表现出长距离出行特征。从潜变量的影响来看，GLP 的城中村居民出行距离更短，同时倾向于选择居住在邻近轨道交通站点的城中村；LLP 的城中村居民同样喜欢居住在邻近轨道交通站点的城中村。邻近轨道交通站点居住的城中村居民的居住选择共性，体现了高密度轨道交通的重要性。

建成环境差异对小汽车拥有的“净”影响占 45.1%，对慢行方式选择的“净”影响占 84.3%，对公共交通出行方式选择的“净”影响占 65%，对小汽车出行方式选择的“净”影响占 96.3%。综上，对于城中村建成环境对出行行为的影响而言，居住自选择对出行行为中的不同要素的干扰程度不同，需要在实践过程中针对不同目标具体分析，对城中村改造中土地利用政策的精准施策有重要意义。

（3）构建了空间分层复合效应分析模型，围绕空间依赖性和空间尺度效应关系的建模表达，每一层模型的回归系数都反映了一定的空间关系，较好地揭示了空间信息的复合机理。将空间分层复合效应分析模型应用于城中村改造时序引导中，以城中村更新单元公共交通出行比例为研究对象，建立城中村建成环境复合信息与公共交通出行比例的空间相互作用关系，主要结论可以归纳为以下三点。

第一，建成环境变量对公共交通出行的影响同时表现出空间竞争效应与空间溢出效应。由于空间溢出效应表示影响因素的影响空间范围更广，因此在进行城中村改造时，在时间和资金有限的情况下，可以优先调整有空间溢出效应的建成环境变量（例如公共交通站点密度和 POI 混合度），其次考虑一般空间相关变量（建筑密度、公共交通线网密度、路网密度和非机动车道比例）。第二，在经过两层空间相关关系系数估计后，各城中村的公共交通出行比例估计值受复合效应的影响产生变异，可以以区域内各城中村的公共交通出行比例高低为更新时序的参考，从鼓励公共交通出行、优化城市出行结构角度出发，在城中村改造时，优先考虑公共交通出行需求大的城中村小区。第三，不同区位的城中村影响受空间依赖和空间尺度两种复合效应的影响不同，在城中村更新改造时要根据城中村的区位类型具体分析。

（4）从精细化改善城中村建成环境要素、鼓励个体低碳出行方式选择、城中村改造与轨道交通协调发展、低碳导向和动态规划理念指导城中村更新时序等方面为深圳市城中村低碳导向改造策略提供了科学建议。

综上，在大城市从外延式扩张到内聚式完善的关键时期，在公共交通导向的城市交通结构优化基本目标下，研究建成环境定量化、探究城中村建成环境对出行行为特征的量化影响，可以为实施和评估城中村低碳导向改造方案提供科学方法、数据支撑和理论依据。要重视城市交通的“马太效应”，发挥交通在城市更新中的重塑功能和推动作用，引导城市更新与交通规划高效耦合。结合国情、城市发展特点、城市发展方向，因地制宜、精准施策，期望本书的研究思路和研究结果可为相关从业人员提供有参考价值的“深圳经验”。

参考文献

[1] WANG D, ZHOU M. The built environment and travel behavior in urban China: A literature review[J]. Transportation Research Part D: Transport and Environment, 2017, 52: 574-585.

[2] ZHANG Z, FUJII H, MANAGI S. How does commuting behavior change due to incentives? An empirical study of the Beijing Subway System[J]. Transportation Research Part F: Traffic Psychology and Behaviour, 2014, 24: 17-26.

[3] CERVERO R. Built environments and mode choice: toward a normative framework[J]. Transportation Research Part D: Transport and Environment, 2002, 7: 265-284.

[4] EWING R, CERVERO R. Travel and the Built Environment[J]. Journal of the American Planning Association, 2010, 76(3): 265-294.

[5] YANG J, CHEN J, LE X, et al. Density-oriented versus development-oriented transit investment: Decoding metro station location selection in Shenzhen[J]. Transport Policy, 2016, 51: 93-102.

[6] CAO X, FAN Y. Exploring the Influences of Density on Travel Behavior Using Propensity Score Matching[J]. Environment and Planning B: Planning and Design, 2012, 39(3): 459-470.

[7] KIM J, BROWNSTONE D. The impact of residential density on vehicle usage and fuel consumption: Evidence from national samples[J]. Energy Economics, 2013, 40: 196-206.

[8] CAO X, NaeSS P, WOLDAY F. Examining the effects of the built environment on auto ownership in two Norwegian urban regions[J]. Transportation Research Part D: Transport and Environment, 2019, 67: 464-474.

[9] AO Y, YANG D, CHEN C, et al. Exploring the effects of the rural built environment on household car ownership after controlling for preference and attitude: Evidence from Sichuan, China[J]. Journal of Transport Geography, 2019, 74: 24-36.

[10] MANOJ M, VERMA A. Effect of built environment measures on trip distance and mode choice decision of non-workers from a city of a developing country, India[J]. Transportation Research Part D: Transport and Environment, 2016, 46: 351-364.

[11] DE VOS J, DERUDDER B, VAN ACKER V, et al. Reducing car use: changing attitudes or relocating? The influence of residential dissonance on travel behavior[J]. Journal of Transport Geography, 2012, 22: 1-9.

[12] KROESEN M, HANDY S, CHORUS C. Do attitudes cause behavior or vice versa? An alternative conceptualization of the attitude-behavior relationship in travel behavior modeling[J]. Transportation Research Part A: Policy and Practice, 2017, 101: 190-202.

[13] SHARMA A, CHANDRASEKHAR S. Impact of commuting by workers on household dietary diversity in rural India[J]. Food Policy, 2016, 59: 34-43.

[14] MARIN LAMELLET C, HAUSTEIN S. Managing the safe mobility of older road users: How to cope with their diversity?[J]. Journal of Transport & Health, 2015, 2: 22-31.

[15] ZHANG M, ZHAO P. The impact of land-use mix on residents' travel energy consumption: New evidence from Beijing[J]. Transportation Research Part D: Transport and Environment, 2017, 57: 224-236.

[16] BADLAND H M, OLIVER M, KEARNS R A, et al. Association of neighbourhood residence and preferences with the built environment, work-related travel behaviours, and health implications for employed adults: Findings from the URBAN study[J]. Social Science & Medicine, 2012, 75(8): 1469-1476.

[17] ADITJANDRA P T, CAO X, MULLEY C. Understanding neighbourhood design impact on travel behaviour: An application of structural equations model to a British metropolitan data[J]. Transportation Research Part A: Policy and Practice, 2012, 46(1): 22-32.

[18] MANAUGH K, EL GENEIDY A. The importance of neighborhood type dissonance in understanding the effect of the built environment on travel behavior[J]. Journal of Transport and Land Use, 2015, 8(2): 45-57.

[19] MITRA R, BULIUNG R N. The influence of neighborhood environment and household travel interactions on school travel behavior: an exploration using geographically-weighted models[J]. Journal of Transport Geography, 2014, 36: 69-78.

[20] 姜洋,何东全, CHRISTOPHER Z.城市街区形态对居民出行能耗的影响研究[J].城市交通, 2011, 4: 21-29.

[21] XU W, YANG L. Evaluating the urban land use plan with transit accessibility[J]. Sustainable Cities and Society, 2019, 45: 474-485.

[22] 郑思齐,曹洋.居住与就业空间关系的决定机理和影响因素——对北京市通勤时间和通勤流量的实证研究[J].城市发展研究, 2009, 6: 29-35.

[23] 杨文越,曹小曙.居住自选择视角下的广州出行碳排放影响机理[J].地理学报, 2018, 73(2): 346-361.

[24] ZAHABI S, MIRANDA-MORENO L, PATTERSON Z, et al. Impacts of built environment and emerging green technologies on daily transportation greenhouse gas emissions in Quebec cities: a disaggregate modeling approach[J]. Transportation, 2015, 44(1): 1-22.

[25] 刘清春,张莹莹,肖燕,等.济南市主城区私家车日常出行碳排放特征及影响因素[J].资源科学, 2018, 40(2): 38-48.

[26] MA L, CAO J. How perceptions mediate the effects of the built environment on travel behavior?[J]. Transportation, 2017, 46(1): 175-197.

[27] 柴彦威,肖作鹏,刘志林.基于空间行为约束的北京市居民家庭日常出行碳排放的比较分析[J].地理科学, 2011, 7: 843-849.

[28] 陈欣.新形势下深圳市城中村规划建设的反思与研究[D].太原:太原理工大学, 2015.

[29] 仝德,李文钢,李贵才.国内外非正规住房发展的比较研究[J].土地与住房, 2014, 21(3): 72-77.

[30] 仝德,冯长春.国内外城中村研究进展及展望[J].人文地理, 2009, 6(110): 29-35.

[31] 赵静,闫小培,朱莹.深圳市城中村"非正规住房"空间特征与演化研究[J]. 地理科学, 2016, 12: 39-47.

[32] 赖亚妮.城中村土地发展问题:文献回顾与研究展望[J].城市规划, 2019, 43(7): 110-114.

[33] ZHAO P. The Impact of the Built Environment on Bicycle Commuting: Evidence from Beijing[J]. Urban Studies, 2013, 51(5): 1019-1037.

[34] ZHOU J, WANG Y, SCHWEITZER L. Jobs/housing balance and employer-based travel demand management program returns to scale: Evidence from Los Angeles[J]. Transport Policy, 2012, 20: 22-35.

[35] HONG J, SHEN Q, ZHANG L. How do built-environment factors affect travel behavior? A spatial analysis at different geographic scales[J]. Transportation, 2013, 41(3): 419-440.

[36] CAO X, XU Z, FAN Y. Exploring the connections among residential location, self-selection,

and driving: Propensity score matching with multiple treatments[J]. Transportation Research Part A: Policy and Practice, 2010, 44(10): 797-805.

[37] MOKHTARIAN P L, CAO X. Examining the impacts of residential self-selection on travel behavior: A focus on methodologies[J]. Transportation Research Part B: Methodological, 2008, 42(3): 204-228.

[38] CAO X, MOKHTARIAN P L, HANDY S L. Examining the Impacts of Residential Self-Selection on Travel Behaviour: A Focus on Empirical Findings[J]. Transport Reviews, 2009, 29(3): 359-395.

[39] NaeSS P, PETERS S, STEFANSDOTTIR H, et al. Causality, not just correlation: Residential location, transport rationales and travel behavior across metropolitan contexts[J]. Journal of Transport Geography, 2018, 69: 181-195.

[40] KROESEN M. Residential self-selection and the reverse causation hypothesis: Assessing the endogeneity of stated reasons for residential choice[J]. Travel Behaviour and Society, 2019, 16: 108-117.

[41] GUAN X, WANG D. Residential self-selection in the built environment-travel behavior connection: Whose self-selection?[J]. Transportation Research Part D: Transport and Environment, 2019, 67: 16-32.

[42] JIAN C, HEPING L, YIYING Z, et al. Housing and Travel Choice Behavior of Low and Middle Income Group[J]. Journal ofTransportation Systems Engineering and Information Technology, 2017, 17(4): 19-26.

[43] LUCAS K, PHILIPS I, MULLEY C, et al. Is transport poverty socially or environmentally driven? Comparing the travel behaviours of two low-income populations living in central and peripheral locations in the same city[J]. Transportation Research Part A: Policy and Practice, 2018, 116: 622-634.

[44] MCCARTHY S, HABIB M A. Investigation of life satisfaction, travel, built environment and attitudes[J]. Journal of Transport & Health, 2018, 11: 15-24.

[45] FENG J. The influence of built environment on travel behavior of the elderly in urban China[J]. Transportation Research Part D: Transport and Environment, 2017, 52: 619-633.

[46] WANG D, CAO X. Impacts of the built environment on activity-travel behavior: Are there differences between public and private housing residents in Hong Kong?[J]. Transportation

Research Part A: Policy and Practice, 2017, 103: 25-35.

[47] CAO X. Heterogeneous effects of neighborhood type on commute mode choice: An exploration of residential dissonance in the Twin Cities[J]. Journal of Transport Geography, 2015, 48: 188-196.

[48] 韦亚平,潘聪林.大城市街区土地利用特征与居民通勤方式研究——以杭州城西为例[J].城市规划, 2012, 36(3): 76-85.

[49] 高士麟,王志攀,何冠楠.出行态度及社区环境对出行行为的影响分析[J].公路与汽运, 2014, 163(2): 43-47.

[50] WOLDAY F, NæSS P, CAO X. Travel-based residential self-selection: A qualitatively improved understanding from Norway[J]. Cities, 2019, 87: 87-102.

[51] LIN Y, DING C, WANG Y, et al. Joint analysis of urban shopping destination and travel mode choice accounting for potential spatial correlation between alternatives[J]. Journal of Central South University, 2014, 21(8): 3378-3385.

[52] BHAT C R, PINJARI A R, DUBEY S K, et al. On accommodating spatial interactions in a Generalized Heterogeneous Data Model (GHDM) of mixed types of dependent variables[J]. Transportation Research Part B: Methodological, 2016, 94: 240-263.

[53] JIAN S, HOSSEIN RASHIDI T, WIJAYARATNA K P, et al. A Spatial Hazard-Based analysis for modelling vehicle selection in station-based carsharing systems[J]. Transportation Research Part C: Emerging Technologies, 2016, 72: 130-142.

[54] SENER I N, PENDYALA R M, BHAT C R. Accommodating spatial correlation across choice alternatives in discrete choice models: an application to modeling residential location choice behavior[J]. Journal of Transport Geography, 2011, 19(2): 294-303.

[55] CHENG G, ZENG X, DUAN L, et al. Spatial difference analysis for accessibility to high level hospitals based on travel time in Shenzhen, China[J]. Habitat International, 2016, 53: 485-494.

[56] BHAT C R. A multi-level cross-classified model for discrete response variables[J]. Transportation Research Part B: Methodological, 2000, 34: 567-582.

[57] SCHWANEN T, DIJST M, DIELEMAN F M. Policies for Urban Form and their Impact on Travel: The Netherlands Experience[J]. Urban Studies, 2016, 41(3): 579-603.

[58] HONG J, SHEN Q. Residential density and transportation emissions: Examining the connection by addressing spatial autocorrelation and self-selection[J]. Transportation Research Part D: Transport and Environment, 2013, 22: 75-79.

[59] DING C, WANG Y, YANG J, et al. Spatial heterogeneous impact of built environment on household auto ownership levels: evidence from analysis at traffic analysis zone scales[J]. Transportation Letters, 2016, 8(1): 26-34.

[60] HORNER M W, MURRAY A T. Excess Commuting and the Modifiable Areal Unit Problem[J]. Urban Studies, 2016, 39(1): 131-139.

[61] MITRA R, BULIUNG R N. Built environment correlates of active school transportation: neighborhood and the modifiable areal unit problem[J]. Journal of Transport Geography, 2012, 20(1): 51-61.

[62] ZHANG M, KUKADIA N. Metrics of Urban Form and the Modifiable Areal Unit Problem[C]. 84th Annual Meeting of the Transportation-Research-Board. Washington, DC; Transportation Research Board Natl Research Council. 2005: 71-79.

[63] BHAT C R, ASTROZA S, BHAT A C, et al. Incorporating a multiple discrete-continuous outcome in the generalized heterogeneous data model: Application to residential self-selection effects analysis in an activity time-use behavior model[J]. Transportation Research Part B: Methodological, 2016, 91: 52-76.

[64] BHAT C R. A new generalized heterogeneous data model (GHDM) to jointly model mixed types of dependent variables[J]. Transportation Research Part B: Methodological, 2015, 79: 50-77.

[65] 刘蕾.城中村自主更新改造研究[D].武汉:武汉大学, 2014.

[66] 马亮,马雪城.大城市城中村居民出行特征研究[J].综合运输, 2016, 38(8): 90-94.

[67] ZHU J, FAN Y. Commute happiness in Xi'an, China: Effects of commute mode, duration, and frequency[J]. Travel Behaviour and Society, 2018, 11: 43-51.

[68] ERMAGUN A, LEVINSON D. "Transit makes you short": On health impact assessment of transportation and the built environment[J]. Journal of Transport & Health, 2017, 4: 373-387.

[69] 胡晓鸣,黎小龙,蔚芳.基于 POI 的城市功能区及其混合度识别研究——以重庆市核心城区为例[J].西南大学学报(自然科学版), 2021, 43(1): 164-173.

[70] YUE Y, ZHUANG Y, YEH A G O, et al. Measurements of POI-based mixed use and their relationships with neighbourhood vibrancy[J]. International Journal of Geographical Information Science, 2016, 31(4): 658-675.

[71] 郑权一,赵晓龙,金梦潇,等.基于 POI 混合度的城市公园体力活动类型多样性研究——以深圳市福田区为例[J].规划师, 2020, 36(13): 78-86.

[72] WANG S, XU G, GUO Q. Street centralities and land use intensities based on points of interest (POI) in Shenzhen, China[J]. ISPRS International Journal of Geo-Information, 2018, 7(11): 425.

[73] ANDRADE R, ALVES A, BENTO C. POI Mining for Land Use Classification: A Case Study[J]. ISPRS International Journal of Geo-Information, 2020, 9(9): 493.

[74] LU Y, PRATO C G, CORCORAN J. Disentangling the behavioural side of the first and last mile problem: the role of modality style and the built environment[J]. Journal of Transport Geography, 2021, 91: 1-10.

[75] DE VOS J, CHENG L, KAMRUZZAMAN M, et al. The indirect effect of the built environment on travel mode choice: A focus on recent movers[J]. Journal of Transport Geography, 2021, 91: 1-11.

[76] THI MAI CHI N, KATO H, LE BINH P. Is Built Environment Associated with Travel Mode Choice in Developing Cities? Evidence from Hanoi[J]. Sustainability, 2020, 12(14): 1-16.

[77] CHOWDHURY T, SCOTT D M. An analysis of the built environment and auto travel in Halifax, Canada[J]. Transport Policy, 2020, 94: 22-33.

[78] YU L, XIE B, EDWIN H.W. C. Exploring impacts of the built environment on transit travel: Distance, time and mode choice, for urban villages in Shenzhen, China[J]. Transportation Research Part E: Logistics and Transportation Review, 2019, 132: 57-71.

[79] 王鹏.深圳城中村的未来价值与“微更新”模式探究[J].城市规划, 2019, 56(3): 22-25.

[80] 陈坚,晏启鹏,杨飞,等.出行方式选择行为的 SEM-Logit 整合模型[J].华南理工大学学报(自然科学版), 2013, 41(2): 51-65.

[81] DING C, WANG D, LIU C, et al. Exploring the influence of built environment on travel mode choice considering the mediating effects of car ownership and travel distance[J]. Transportation Research Part A: Policy and Practice, 2017, 100: 65-80.

[82] WU W, HONG J. Does public transit improvement affect commuting behavior in Beijing,

China? A spatial multilevel approach[J]. Transportation Research Part D: Transport and Environment, 2017, 52: 471-479.

[83] CHEN F, WU J, CHEN X, et al. Vehicle kilometers traveled reduction impacts of Transit-Oriented Development: Evidence from Shanghai City[J]. Transportation Research Part D: Transport and Environment, 2017, 55: 227-245.

[84] CHOI D, KANG M, YOON J J. Utility of mixed-use development by reducing aggregated travel time for multiple non-work activities: A case of Seoul, Korea[J]. Cities, 2020, 109: 103-110.

[85] CHOI K. The influence of the built environment on household vehicle travel by the urban typology in Calgary, Canada[J]. Cities, 2018, 75: 101-110.

[86] KIM D, PARK J, HONG A. The Role of Destination's Built Environment on Nonmotorized Travel Behavior: A Case of Long Beach, California[J]. Journal of Planning Education and Research, 2017, 38(2): 152-166.

[87] THAO V T, OHNMACHT T. The impact of the built environment on travel behavior: The Swiss experience based on two National Travel Surveys[J]. Research in Transportation Business & Management, 2019, 36: 10-16.

[88] ACHEAMPONG R A. Towards incorporating location choice into integrated land use and transport planning and policy: A multi-scale analysis of residential and job location choice behaviour[J]. Land Use Policy, 2018, 78: 397-409.

[89] HUMPHREYS J, AHERN A. Is travel based residential self-selection a significant influence in modal choice and household location decisions?[J]. Transport Policy, 2017, 75: 150-160.

[90] SINNIAH G K, SHAH M Z, VIGAR G, et al. Residential Location Preferences: New Perspective[J]. Transportation Research Procedia, 2016, 17: 369-383.

[91] HERICK V, MICHAEL D. Estimating the Actual Effect of the Built Environment on Travel Behavior in the Context of Residential Self-Selection: A Comparison of Methods[D]. Davis: University of California, Davis, 2018.

[92] WANG D, LIN T. Residential self-selection, built environment, and travel behavior in the Chinese context[J]. Journal of Transport and Land Use, 2014, 7(3): 5-14.

[93] ZHAO P. The Impact of the Built Environment on Individual Workers' Commuting Behavior in Beijing[J]. International Journal of Sustainable Transportation, 2013, 7(5): 389-415.

[94] KIM M J. Residential Location Decisions: Heterogeneity and the Trade-off between Location and Housing Quality[D]. Columbus: The Ohio State University, 2010.

[95] WANG F, MAO Z, WANG D, et al. Residential relocation and travel satisfaction change: An empirical study in Beijing, China[J]. Transportation Research Part A: Policy and Practice, 2020, 135: 341-353.

[96] ZHANG R, YAO E, LIU Z. School travel mode choice in Beijing, China[J]. Journal of Transport Geography, 2017, 62: 98-110.

[97] WU H, CHEN Y, JIAO J. Impact of Neighborhood Built Environments on Shopping Travel Modes in Shanghai, China[J]. Transportation Research Record: Journal of the Transportation Research Board, 2019, 2673(8): 669-681.

[98] SUN B, ERMAGUN A, DAN B. Built environmental impacts on commuting mode choice and distance: Evidence from Shanghai[J]. Transportation Research Part D: Transport and Environment, 2017, 52: 441-453.

[99] CHEN Z, YEH G O J T B, SOCIETY. Effects of built environment on activity participation under different space-time constraints: A case study of Guangzhou, China[J]. Travel Behaviour and Society, 2021, 22: 84-93.

[100] LI S, LIU Y. Land use, mobility and accessibility in dualistic urban China: A case study of Guangzhou[J]. Cities, 2017, 71: 59-69.

[101] CHOI K, ZHANG M. The net effects of the built environment on household vehicle emissions: A case study of Austin, TX[J]. Transportation Research Part D: Transport and Environment, 2017, 50: 254-268.

[102] LI S, LIU Y. The jobs-housing relationship and commuting in Guangzhou, China: Hukou and dual structure[J]. Journal of Transport Geography, 2016, 54: 286-294.

[103] LEON A D, CHOUGH K C. Analysis of Mixed Data: Methods & Applications[M].:Boca Raton: Crc Press, 2013.

[104] 威廉·D.贝里.非递归因果模型[M].洪岩璧,陈陈,译.上海:上海人民出版社, 2012.

[105] YANG L, ZHENG G, ZHU X. Cross-nested logit model for the joint choice of residential location, travel mode, and departure time[J]. Habitat International, 2013, 38: 157-166.

[106] ISLAM M T, KHANDKER M. NURUL H. Unraveling the relationship between trip chaining and mode choice: evidence from a multi-week travel diary[J]. Transportation

Planning and Technology, 2012, 35(4): 409-426.

[107] KAMARGIANNI M, DUBEY S, POLYDOROPOULOU A, et al. Investigating the subjective and objective factors influencing teenagers' school travel mode choice – An integrated choice and latent variable model[J]. Transportation Research Part A: Policy and Practice, 2015, 78: 473-488.

[108] FU X, JUAN Z. Estimation of multinomial probit-kernel integrated choice and latent variable model: comparison on one sequential and two simultaneous approaches[J]. Transportation, 2015, 44(1): 91-116.

[109] KROESEN M. Modeling the behavioral determinants of travel behavior: An application of latent transition analysis[J]. Transportation Research Part A: Policy and Practice, 2014, 65: 56-67.

[110] YE R, TITHERIDGE H. Satisfaction with the commute: The role of travel mode choice, built environment and attitudes[J]. Transportation Research Part D: Transport and Environment, 2017, 52: 535-547.

[111] GOLOB T F. Structural equation modeling for travel behavior research[J]. Transportation Research Part B: Methodological, 2003, 37(1): 1-25.

[112] DE LEON A R, CHOUGH K C. Analysis of mixed data : methods & applications[M]. Boca Raton: CRC Press/Taylor & Francis Group, 2013.

[113] PALETI R, BHAT C R, PENDYALA R M. Integrated Model of Residential Location, Work Location, Vehicle Ownership, and Commute Tour Characteristics[J]. Transportation Research Record: Journal of the Transportation Research Board, 2013, 2382(1): 162-172.

[114] BHAT C R, DUBEY S K. A new estimation approach to integrate latent psychological constructs in choice modeling[J]. Transportation Research Part B: Methodological, 2014, 67: 68-85.

[115] HECKMAN J J, URZUA S, VYTLACIL E. Understanding Instrumental Variables in Models with Essential Heterogeneity[J]. Review of Economics Statistics, 2006, 88(3): 389-432.

[116] 李小文,曹春香,常超一.地理学第一定律与时空邻近度的提出[J].自然杂志, 2007, 2: 69-71.

[117] JIN J. The effects of labor market spatial structure and the built environment on commuting behavior: Considering spatial effects and self-selection[J]. Cities, 2019, 95: 1023-1092.

[118] GAO Q, LI Q, YUE Y, et al. Exploring changes in the spatial distribution of the low-to-moderate income group using transit smart card data[J]. Computers, Environment and Urban Systems, 2018, 72: 68-77.

[119] 丁川.考虑空间异质性的城市建成环境对交通出行的影响研究[D].哈尔滨:哈尔滨工业大学, 2014.

[120] 郭娟娟.建成环境影响居民出行的空间尺度效应研究[D].哈尔滨:哈尔滨工业大学, 2017.

[121] TOBLER W R. A computer movie simulating urban growth in the Detroit region[J]. Economic Geography, 1970, 46(2): 234-40.

[122] 韩会然,杨成凤,宋金平.城市居住与就业空间关系研究进展及展望[J].人文地理, 2014, 140(6): 24-31.

[123] 杨励雅,邵春福,李霞.考虑空间相关性递远递减的居民居住选址模型[J].中国公路学报, 2013, 26(1): 156-162.

[124] CASTRO M, PALETI R, BHAT C R. A latent variable representation of count data models to accommodate spatial and temporal dependence: Application to predicting crash frequency at intersections[J]. Transportation Research Part B: Methodological, 2012, 46(1): 253-272.

[125] DUNCAN C, JONES K. Using Multilevel Models to Model Heterogeneity: Potential and Pitfalls[J]. Geographical Analysis, 2010, 32(4): 279-305.

[126] 薛丰昌.空间信息分层复合分析模型[J].测绘科学, 2011, 36(5): 200-202.

[127] BRUNSDON C, FOTHERINGHAM S, CHARLTON M. Geographically weighted regression[J]. Journal of the Royal Statistical Society: Series D, 1998, 47(3): 431-443.

[128] 李晓飞,赵黎晨,候璠,等.空间知识溢出与区域经济增长——基于 SDM 及 GWR 模型的实证分析[J].软科学, 2018, 32(4): 16-20.

[129] VALE D S. Transit-oriented development, integration of land use and transport, and pedestrian accessibility: Combining node-place model with pedestrian shed ratio to evaluate and classify station areas in Lisbon[J]. Journal of Transport Geography, 2015, 45: 70-80.

[130] HU N, ERIKA FILLE L, KEE KHOON L, et al. Impacts of land use and amenities on public transport use, urban planning and design[J]. Land Use Policy, 2016, 57: 356-367.